丛书主编：霞子

万物皆有理

生活中的物理

霞子 张志博 袁梓铭 著

电子工业出版社

Publishing House of Electronics Industry

北京·BEIJING

图书在版编目（CIP）数据

万物皆有理 . 生活中的物理 / 霞子 , 张志博 , 袁梓铭著 . —北京 : 电子工业出版社 , 2024.1
ISBN 978-7-121-46707-3

Ⅰ . ①万… Ⅱ . ①霞… ②张… ③袁… Ⅲ . ①物理学－少儿读物 Ⅳ . ① O4-49

中国国家版本馆 CIP 数据核字 (2023) 第 223483 号

责任编辑：马　杰　仝赛赛　文字编辑：刘　芳　常魏巍
印　　刷：北京瑞禾彩色印刷有限公司
装　　订：北京瑞禾彩色印刷有限公司
出版发行：电子工业出版社
　　　　　北京市海淀区万寿路 173 信箱　　邮编：100036
开　　本：720×1000　1/16　印张：8　字数：153.6 千字
版　　次：2024 年 1 月第 1 版
印　　次：2024 年 1 月第 1 次印刷
定　　价：49.80 元

凡所购买电子工业出版社图书有缺损问题，请向购买书店调换。若书店售缺，请与
本社发行部联系，联系及邮购电话：(010) 88254888，88258888。

质量投诉请发邮件至 zlts@phei.com.cn，盗版侵权举报请发邮件至 dbqq@phei.com.cn。

本书咨询联系方式：(010) 88254510，tongss@phei.com.cn。

品味一场物理学的盛宴

物理，物理，万物之理。

美国物理学家、2004 年诺贝尔物理学奖得主弗兰克·维尔切克说，在物理学中，你不需要刻意到处找难题——自然已经提供得够多了。

物理学，是探索未知事物及其成因的学问，它寻求关于世界的基本原理、事实和定量描述，研究宇宙中一切物质的基本运动形式和规律。它是我们认识世界的基础，是自然科学的带头学科，是 20 世纪科学和技术革命的领头羊。我们的现代文明，几乎没有哪个领域不依赖物理学。

说"世界是建立在物理规律的基础上的"，或许并不夸张。中国科学院院士、理论物理学家于渌曾谈及，20 世纪物理学的两大革命性突破——相对论和量子论，导致了科学技术的革命，造就了信息时代的物质文明。

物理学之重要性毋庸置疑。可提起物理，各类复杂的公式、各种抽象的概念，常常让人望而却步。这似乎又是个很现实的问题：那样"高冷"的物理，难得让学子亲近；走进公众视野，也殊为不易。

好在电子工业出版社精心策划并推出由多位科学家和科普作家携手打造的一套物理启蒙科普读物——"万物皆有理"系列图书，及时化解了这个另类的"物理学难题"。这套书集中展示了物理世界中形形色色的奇妙现象，生动诠释了诸多物理定律和原理的应用与发展，深入探究了物理学的发展与人类文明进步的关系。

这套书呈现给读者的，是在我们周围自然现象中"现身"的活生生的物理，是凸显出人类创新思维和创造智慧的非凡轨迹的物理，是能够引出许多有趣问题的答案并激发人们做出更多思考的物理。

这样的物理，距离我们还远吗？

读"万物皆有理"系列图书，品味一场物理学的盛宴。

是为序。

中国科普作家协会副理事长、科普时报社社长　尹传红

2023 年 10 月 24 日

目录

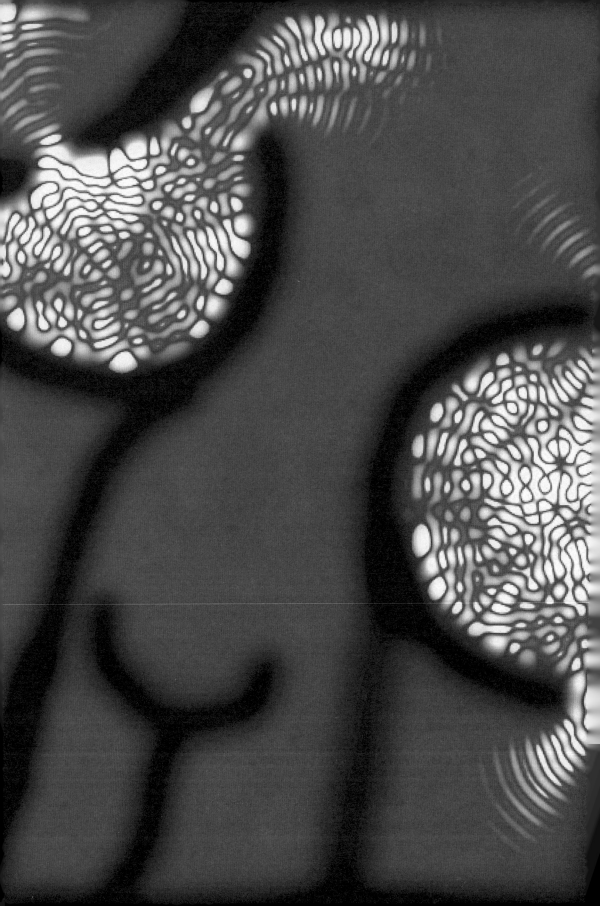

共振

关于共振

共振是宇宙中最普遍的自然现象之一。

目前，关于宇宙起源，科学界认可度较高的一种观点是宇宙产生于 138 亿年前的一次大爆炸。在大爆炸之前，宇宙只是一个密度极大、温度极高的点，叫作奇点。奇点开始只是轻微的振荡，后来振荡频率越来越高，振荡力度越来越大，最后引发了共振，产生了大爆炸。宇宙瞬间急剧膨胀、扩张，于是产生了日月星辰……可以说，没有共振就没有这个世界。

"扭秧歌"的大桥

如果一座雄伟的大桥忽然舞动起来，那肯定不是因为大桥遇到了令它高兴的事，而是出了大问题。

2020年5月5日下午，中国著名的虎门大桥忽然像两条飘带似的起伏、舞动起来，使当时驾车行驶在大桥上的人们惊慌不已。幸运的是，虎门大桥只是跳了一小会儿舞，没有造成事故。

虎门大桥是一架铁索悬桥，于1992年动工建设，1997年建成通车，已经安全使用了23年。它为什么忽然"扭起了秧歌"呢？

有关部门紧急召集专家研究讨论，研究发现：这是由一种叫作涡振（由涡流引起的振动）的物理现象所引起的共振在作怪，最著名的涡流现象就是卡门涡街。

共振是常见的物理学名词，是指一个物体或系统在特定频率下、以最大振幅振动的物理现象，这个特定频率就是共振频率。这种现象在声学中称为共鸣，在电学中称为谐振。

● 虎门大桥

虎门大桥之所以发生卡门涡街现象，是因为桥上增加了很多作为路障标志的水马，这些水马改变了桥梁整体的外形结构，在特定的空气流动环境下，流过桥体的空气形成涡流并产生振动。因此这种现象也叫涡振。

音叉 A

音叉 B

声波

音叉共鸣：两个振动频率相同的音叉 A 和 B，当 A 发出声音时，B 虽然没有接触到 A，但也会同时发出声音。这是因为 A 的振动通过空气传给了 B，引发了 B 的共振，从而使 B 发声。

共振的好处

我们的声音之所以能传递出去，是因为发声时声带颤动，与空气产生了共振；我们能听到树上鸟儿的叫声、知了的鸣声，也是因为物体振动产生声波，声波传递到我们的耳朵，引起耳膜振动。有的人耳膜受损，无法振动，就听不到声音了。不难想象，如果没有振动，世界将变得寂静无声。

天空中的臭氧层能遮挡紫外线，其实也是共振在起作用。臭氧层的振动频率恰恰能与紫外线的振动频率产生共振，从而吸收大部分的紫外线，保护我们免受紫外线的伤害。

世界上所有的物体无时无刻不在运动。我们看到的物体，无论是运动的，还是静止的，它们都有自己的振动频率。当一个物体的力作用于另一个物体时，如果它们的振动频率相同或非常接近时，它们就会一起跳"蹦蹦床"，使得振动增强，振动幅度加大，产生共振。

共振的应用十分广泛。例如，无线电波的传送和接收。我们通常说的"把收音机调到音乐频道"，就是把接收的频道调成和发射的无线电信号一样的频率，利用共振原理最大程度地接收信号。

共振的破坏力

有时候共振会形成巨大的破坏力，由共振造成的桥梁坍塌事故可不止一起。

1831 年 4 月，一支由 74 人组成的部队齐步走过英国曼彻斯特的布劳顿吊桥，因为部队踏步的频率与桥的自振频率相同，所以产生了共振，使吊桥振幅骤增，最终导致桥的坍塌。

20 世纪初，俄国一个连队通过一座桥时，连长为了显示军威，命令骑兵指挥训练有素的战马以雄赳赳、气昂昂的姿态，步调一致地挺进。很快大桥就开始上下颠簸，不一会儿就在惊天动地的巨响中坍塌了。事后科学家们研究发现，桥塌的原因不是桥不够结实，而是骑兵与战马训练得太好，他们的步调与桥的振动频率相同，发生了共振，才导致桥体坍塌。

卡门涡街现象

卡门涡街现象在自然界中经常发生，是指在一定条件下，当流体绕过某些物体时，在物体两侧会周期性地出现旋转方向相反且排列较为规则的两列旋涡。

水流过桥墩，风吹过大厦、烟囱、云层等，都会形成这种现象。当风或水流经过一个物体时，不是在这个物体两旁平行流过，而是产生了两列旋涡。这些有规律的旋涡必然会产生振动。当旋涡的振动频率与所流经的物体的振动频率相同时，就会产生共振。共振让物体的振动幅度骤然增大，当振动幅度超出物体的承受

冯·卡门

20 世纪伟大的航天工程学家。他曾说："我要不惜一切努力去研究风及在风中飞行的全部奥秘。"他是我国著名科学家钱学森、钱伟长、郭永怀，以及美籍华人科学家林家翘的导师。

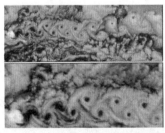

● 卡门涡街

1940 年 7 月，美国跨径约 853 米的塔科马海峡大桥建成通车。同年 11 月，一场速度约为 19 米每秒的风引起桥体共振，在持续 3 个多小时的振动中，桥体振动强度不断增大，振幅达 8 米多，桥面倾斜角达 45 度左右，数千吨重的悬索桥扭秧歌似的剧烈振动、扭曲，最终导致桥体断裂坍塌。其实当时的风速并不大，工程师设计大桥的时候，也考虑到了风速、风力对桥的影响，但悬索桥还是被风摧毁了。

能力时，物体就会损坏。

有时风力虽然看起来不大，但是，当它不断吹过，且能量不断积累时，就会使桥体的振动幅度不断增大，出现起伏舞动的现象。当桥体的振动强度超过其承受力，尤其是在产生颤动的时候，大桥就可能坍塌。

因此，为了避免桥梁、船舶、飞机、房屋等因共振而被摧毁，设计师们在设计时必须考虑物体所处的环境中有哪些作用力及作用力的频率范围，将物体的振动频率控制在这些作用力的频率范围之外。

在设计虎门大桥时，设计师肯定也考虑到了卡门涡街现象，但是没考虑到桥上的路障水马。这次事件之后，人们又收获了一个维护大桥的知识。

《 知识小卡片

共振 物理学上运用频率非常高的专业术语，指一个物体或系统在特定频率下，以最大振幅做振动的物理现象，这些特定频率就是共振频率。在共振频率下，很小的周期振动便可产生很大的作用，因为系统储存了动能。当阻力很小时，共振频率大约与系统自然频率（也称固有频率，即自由振动时的频率）相等。

中国第一高楼的"镇楼神器"

　　建于世纪之交的千禧桥，全长 325 米，以简洁明快和富有现代艺术感的风格而著称。它犹如一条横跨泰晤士河的"银带"，将人们从北岸直接送到南岸。这是一座步行桥，人们走在桥上，可以观赏泰晤士河两岸的美景。可是，这座桥开放通行仅三天，就因为桥体共振产生剧烈的晃动而关闭。

　　工程师在设计这座现代化大桥时，对容易引起桥体共振的各种因素都采取了预防措施。那么，这次桥体共振的原因是什么呢？

　　有关人员通过观察发现，千禧桥是一座钢索桥，桥体自身是可以摇晃的。人们虽然在桥上便步走，但是走着走着就会与桥体的摇晃频率渐渐同步，从而与桥体产生了共振，造成大桥的剧烈摇晃。

　　是什么力量让人行走的节奏趋同千禧桥的摇晃频率呢？

耦合现象

　　这个看不见摸不着的神秘力量，在物理学上叫作耦合。

　　耦合，简单地说，是指存在相互关系的两个或两个以上的系统之间，

●千禧桥

通过相互作用从一侧向另一侧传输能量的现象。例如，行人和千禧桥就是两个不同的系统，行人受到千禧桥摇晃频率的影响，会不由自主地与其同步。

耦合现象不仅出现在物理学、通信工程、软件工程、机械工程等领域，甚至出现在心理学领域。只要人们用心观察就会发现，在神奇的宇宙中，万物都有可能趋于同步。

阻尼器

千禧桥摇晃的原因找到了，问题也就迎刃而解了。两年后，工程师在千禧桥上加装了 91 个减震装置，千禧桥又重新开放了。

这些减震装置叫作阻尼器。

阻尼是一个物理学名词，听起来好像是"阻止你"的意思——你想剧烈振动，我偏不让你蹦跶；你想噪声震耳，我偏不让你大声喧哗；你想左右摇晃，我偏不让你摇摇摆摆。实际上，阻尼是一种通过提供运动的阻力来耗散运动能量的物理现象。制作阻尼器，就是为了加大对运动干扰的度，起到降低运动能量、减弱振动、降低噪声的目的。

阻尼器在建筑、航天、军工、汽车、机械加工等领域都有着广泛的应用。如汽车上的阻尼器可以在不同的车速状况下调节阻尼力，从而改善车辆的振动性和稳定舒适性；船舶上的很多设备都通过阻尼器与船体相连，减少船身晃动时对设备产生的影响。

上海中心大厦的"镇楼神器"

阻尼器还具有稳定的作用。

2021年,6号台风"烟花"横扫中国东南沿海城市,于7月25日进入上海,带来了强降雨和狂风。矗立在黄浦江边的中国第一高楼上海中心大厦在狂风暴雨中没有丝毫受损。难道它有抵御台风的"镇楼神器"吗?

没错。这座高达632米的大楼,有两个"镇楼神器"护身。

一个是大厦的设计形状。无论从哪个角度看,上海中心大厦都呈现出一种螺旋上升的姿态,从顶部俯瞰,大楼是三角形的。这样的形状设计造就了上海中心大厦不对称的外形,不仅美观,更重要的是能够降低风力引起"涡旋"的可能性,有效抵御台风,防止发生共振现象。

另一个是藏在大厦125~126层的超大阻尼器——上海慧眼。

我们住在高层建筑里会有一种体验:刮风时,在楼底层感觉不到风大,但在高层就会觉得风很大,甚至能感觉到楼体的晃动。这是因为对于超高建筑来说,高层所受到的风力比地面大2倍左右。当遇到台风时,高层所受到的风力更大,所以建筑就会摇晃。

知识小卡片

阻尼器 提供运动的阻力,耗散运动能量,能够使物体的可动部分迅速停止运动。例如,在地震仪器中,阻尼器用于吸收振动系统固有的振动能量,其阻尼力一般与振动系统的运动速度成比例。

● 上海中心大厦楼体

高层建筑摇晃是一种常见现象。一般来说，高度超过 300 米的大厦，其最高层在风中的摇晃幅度可达十几厘米；迪拜 828 米高的哈利法塔，其最高层平均摇晃幅度达 1.5 米左右。可以说，想让高楼在风中一点儿也不摇晃是不可能的，只能尽量减小其摇晃幅度。所以，工程师在设计超高建筑的时候，一般都会为其配备阻尼器。阻尼器能产生与建筑物摇晃方向相反的阻力，把强风导致的建筑物产生的摇晃幅度控制在安全范围内。

这个世界无时无刻不在运动，共振也无处不在。关于共振，我们有说不完的话题、探索不完的科学奥秘。

上海慧眼

一般的高层建筑使用的阻尼器大多为机械阻尼器，这是个重量级的大家伙，犹如千斤坠，挂在建筑物中心线的顶部。

上海中心大厦的阻尼器则是采用了先进的电涡流摆式调谐质量阻尼器。它的核心技术是电磁消能减震技术，当大厦遭遇强风或地震而发生剧烈晃动时，阻尼器就会带动电涡流系统的磁钢组件进行相对移动，将楼体振动的能量转化为热能，达到减震效果。

无论采用什么技术，阻尼器的重量都无法减小。上海中心大厦的阻尼器高 7.7 米，重达 1000 吨，但它非常具有艺术感，外形很像一只大眼睛。因此，这个阻尼器被命名为上海慧眼。

地球的"脑波"

地球有"脑波"吗？这是个很有意思的问题。

关于宇宙起源的一种认可度较高的观点认为：宇宙产生于约138亿年前的一次大爆炸，促使这次大爆炸产生的根本原因就是共振。在大爆炸之前，宇宙只是一个密度极大、温度极高的点，科学界称之为奇点。奇点内开始只是微弱的振动，后来振动的频率越来越高、越来越强，最后引起了共振，产生了大爆炸。

在茫茫宇宙中，一些非常微小的粒子在共振的作用下，会结合到一起，从而产生一些新的化学元素。世界如此奇妙，万物可能均始于一体，包括日月星辰、高山流水、人与动植物等。基于这个说法，我们就不难理解耦合现象，以及"万物同步"的说法了。

物理学中把一个存在又不存在的点称为奇点。这是空间和时间中具有无限曲率的一个点，空间和时间在该处完结。

小贴士

舒曼共振

地球也有自己的共振频率。

1889 年，美国工程师尼古拉·特斯拉发现地球的共振频率接近 8 赫兹。1952 年，德国物理学家温弗里德·奥托·舒曼在研究中也发现了这个共振频率。他认为全球频发的雷暴、闪电活动相当于一个电流发生器，会产生大量电荷，能为大气的电离层充电，并在地球和大气的电离层之间形成一个共振系统，其共振频率主要由地球的尺寸决定，并由闪电激发。这个系统的共振频率大约为 7.83 赫兹。后来，人们将这个频率命名为舒曼共振。

有趣的是，舒曼共振频率恰好和哺乳动物大脑中海马体的共振频率接近。因此人们也把舒曼共振称为地球的"脑波"。人脑的海马体负责记忆和学习，所以，我们的日常学习和生活就与舒曼共振有了密切的联系。

温弗里德·奥托·舒曼

德国物理学家，他预测了由大气中的闪电放电引起的一系列低频共振。

人类脑波

要想知道人脑与地球脑波的关系，需要认识一下我们的大脑。

人的大脑由数十亿个神经元组成。当人产生思维活动时，神经元被触发并交换电荷，从而产生电生理活动，也就产生了脑电波，简称为脑波。不同的环境和信息刺激，会引发大脑活动的变化，从而影响脑波的变化。科学家将脑波分成 4 个不同的波段。

α（阿尔法）波　8~13 赫兹

当人的脑波频率表现出以 α 波段为主时，人的意识是清醒的，身体是放松的。这时，人体消耗的能量最少，大脑获得的能量最高，是学习与思考的最佳脑波状态。所以，安安静静的环境和平心静气的状态，对学习是有好处的。

β（贝塔）波　14~30 赫兹

当人的脑波频率表现出以 β 波段为主时，大脑往往处于精神紧张、精神压力较大的状态，使人感觉消耗较大，大脑疲劳，容易产生压力。随着生活节奏的加快和城市噪声的干扰，现在大多数人的脑波都处于这个状态，他们会出现头疼、焦虑、失眠等症状。这就是放假时，平日忙于工作的人们喜欢去郊外或山野中放松的原因。因为在大自然中，舒适的环境往往让人感到轻松，让人的大脑重新回到最佳思维状态，这对释放压力是非常有帮助的。

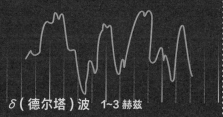

θ（西塔）波　4~7 赫兹

与 β 波段相反，θ 波段的脑波往往出现在人们主动意识中断，身体深度放松的时候。此时，人们很容易受外界信息的暗示，处于被催眠状态。我们看到某些电影或小说里面说到某个人被催眠，其实就是让他的大脑进入 θ 波段。

δ（德尔塔）波　1~3 赫兹

当人深度睡眠、完全处于无意识状态时，人脑就会产生这种脑波，当大脑充满这种脑波时，睡眠质量是最好的。

人类脑波与地球"脑波"的联系

由以上叙述不难看出，我们的最佳脑波"α 波"竟然与地球"脑波"舒曼共振的频率十分接近。如果我们将自己融入大自然中，犹如倾听地球母亲的心跳，这对我们的身心是非常有益的。

可惜，由于受到杂音、情绪、光、电磁波等各种干扰，我们时常表现出"β 波"的状态，会出现紧张、兴奋、激动、焦躁、心神不定等现象，很难达到深度睡眠。所以，合理安排时间，调整好生活节奏，修身养性，尽量做到心平气和，我们才能更好地提高学习效率和生活质量。当然，有时间可以多到大自然中，这对学习和健康都是非常有帮助的。

世界是一个相互联系的整体，当出现某个问题时，我们不能片面地看待，要有整体观，注意事物之间的相互联系和影响，这大概是共振给我们的启迪吧。不过，地球的"脑波"也不是一成不变的，会受很多因素影响而进行相应的调整。据有关报道，近些年地球"脑波"的振动频率正在加快，至于原因，科学家正在进一步研究。

知识小卡片

舒曼共振 1952 年，德国物理学家温弗里德·奥托·舒曼在研究中发现了地球的共振频率，约为 7.83 赫兹，被称为舒曼共振。

能震碎玻璃杯的女高音

舞台上的女高音歌手正在尽情歌唱，她身边玻璃杯里的塑料吸管随着她音量与音调的提高跳动了起来。最后，几个玻璃杯居然被歌声震碎了。

女高音歌手的歌声为什么能震碎玻璃杯呢？在说明原因之前，我们先来了解一下人类是如何发声的。

只要有声音就能让玻璃杯破碎吗？当然不是，玻璃杯的破碎其实是女高音歌手与玻璃杯"合作"的结果。

人的发声系统

我们发出的声音大小、音调高低是依靠一整套的发声系统来实现的。

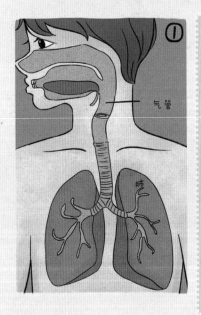

首先是动力部分——肺和气管。由肺部呼出的气流是发声的动力，气管是输送气流的通道。由肺部呼出的气流通过气管、支气管到达喉，作用于声带、咽腔、口腔、鼻腔等发声器官。

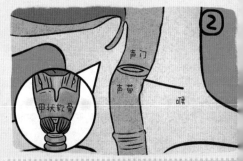

其次是声源部分——喉和声带。喉由甲状软骨、环状软骨、杓状软骨、会压软骨组成，下通气管。声带位于喉中间，是两片富有弹性的薄膜。声带的前端和后端分别固定在甲状软骨上。两片声带之间的空隙叫作声门。肌肉收缩使甲状软骨活动，带动声带放松或拉紧，使声门打开或关闭。从肺部呼出的气流通过声门时，声带会振动，从而发出声音。声调的高低是声带松紧控制的结果。

振幅

女高音歌手发出声音，声音的振动传递给玻璃杯。玻璃杯自身也会发生振动，当声音的振动频率正好与玻璃杯的自振频率一致时，就会发生共振，从而使玻璃杯产生更大幅度的振动。当然，共振不是一蹴而就的，是通过女高音歌手声音频率的不断调整而最终产生的。同时，女高音歌手不断提高音量，振动幅度不断增加，也会使得玻璃杯的振动与其产生耦合效应，使共振效果不断加强。在共振的反复作用下，振动幅度超过了玻璃杯所能承受的极限，才致使玻璃杯破碎。

共振在声学中的应用

共振在声学中有着非常广泛的应用。共振在声学中称为共鸣，指的是物体因共振而发声的现象。将两个频率相同的音叉靠近，当其中一个因振动而发声时，另一个也会发声，这就是共鸣。吉他、小提琴等乐器，正是因为有了共鸣箱，才使得音乐声音更大、传播得更远。

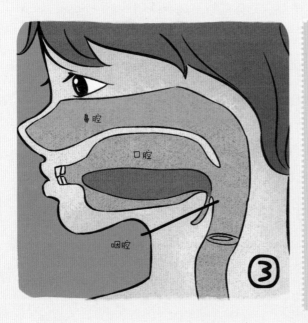

最后是调音部分——口腔、鼻腔、咽腔。口腔是声音主要的共鸣器，也是各种音色的主要制造场所。口腔中的发声器官包括上下唇、上下齿、齿龈、上腭、小舌、舌头等。舌头是口腔中最活跃的发声器官。鼻腔也是一种共鸣器，与口腔相连，通过小舌和软腭与口腔隔开。关闭鼻腔通道时发口音，打开鼻腔通道时发鼻音。

共振也不都是起好作用。1929 年，英国的一位物理学家罗伯特·伍德设计了一个低音喇叭，安装在一个剧场里。试验时，喇叭发出的低音的频率与门窗的振动频率相同，从而产生了共振，全剧场发出了惊心动魄的声音。在场的所有人都被吓坏了，生怕房屋因此而倒塌。

利用声音共振还能制造物质混合装置。

利用共振产生的声波，可以将硬质合金和金属都粉碎成微小粉末，制造出粉末混合物。

据报道，由上海一家公司推出的一种新型纳米超细粉体混合机——共振混合机已打破了国外垄断。该技术基于低频高强度共振原理，通过产生高强度声波能充分分散，再进行混合。共振混合机解决了超细微粉不能用机械方法来实现充分分散的难题。

目前，有一种被称为"声波枪"的新式武器已由科学家研制成功。这种枪射出去的不是子弹，而是频率低于 20 赫兹的次声波。这种低频声波，能引起人的鼓膜、眼球、胃、肝脏、脑等器官的剧烈振动。这样的声波人类听不到，但能使人产生眩晕、四肢无力等不舒服的感觉，还能引起心脏等重要器官的共振。它不会对人体造成致命伤害，但可以迫使暴徒、犯罪分子等失去抵抗力，成为执法部门在某些特定场合使用的器械之一。

一种被称为 LRAD 的设备也是利用这个原理制造的。这是一种远程声学设备，与"声波枪"不同，LRAD 是通过发出高响度和高音调的电子尖叫声来产生远程攻击力的。听到这种声音的人感觉大脑就像不断晃动的"豆腐脑"，难受得想要跳起来。

总之，共振在声学方面的应用有很多，还有待我们发现和探索。

《《知识小卡片

声波武器 以声音传播为手段，达到对目标的有效控制或伤害。这类武器特点鲜明：慑人心智，毙敌于无形，扰其行为，击敌以措手不及。例如，号啕大哭会使人心烦，飞机巨大的轰鸣会使鸟死亡，把向四周扩散的声音聚到一起，就可制成声波武器。

光

对于光，我们既熟悉又陌生。

我们熟悉光，是因为有光我们才能看见这个世界。

光的反射让我们的眼睛看到了身边的物体，光的不同波长让我们见证了花朵与落叶的缤纷，影院银幕上的光为我们展现出引人入胜的剧情，照在大地上的阳光让地球孕育出繁茂的生命。

但光对于我们来说又是陌生的，因为它光怪陆离。时至今日，人类依然在探索光的本质，试图揭开光的秘密。

光究竟是什么呢？与光相处至今，我们将光运用到了何种程度？让我们一起走进神奇的光学世界，看看光究竟有着怎样的特性和魅力吧！

物理学中的"精灵"——光

当你打开一本书时，一个物理学中的"精灵"——光已经悄然浮现。

它把书里的内容清清楚楚地映到了你的眼睛里，它还让你看到了火的明灭、昼夜的交替等。千百年来人类追寻着它的踪迹，试图探寻它的本质。但它的脾气十分古怪，让人捉摸不透。

💡 光的特性

光是个急性子，在空气中的传播速度约为 30 万千米每秒。一秒之内，光就可以绕地球七圈半。这是人类已知最快的速度，也是物理世界里速度的上限。

即使速度已经如此快了，光却还不满足，它还会"抄近道"。

生活中你一定注意过这样的现象：当你把一支笔插入水中时，笔在水中的影像会发生偏移，看起来像折断了一样。这是因为光在不同的介质中有不同的传播速度，形成了不同的折射率。当光从一种介质斜射入另一种介质时，传播路径就会在介质交界面上发生偏折，这种现象叫作光的折射。在传播过程中，光永远遵循一条神奇的规律：在两种介质中传播时，永远选择一条耗时最少的路径，这样的规律造成了光在传播路径上的曲折。

光还是一个"直肠子"。虽然光在经过两种介质的时候会发生折射，但在均匀的、单一的介质中，光永远沿着直线传播，从不拐弯，我们利用光的这种特性可以做很多事情。在工程上，人们经常把激光当作标尺，这比人类能造出的任何尺子都要直。这些直来直去的光照到物体上就会发生反射，进入我们的眼睛，我们也就看见了世界。没有光的反射，世界在我们面前就是一片漆黑。

白天，太阳光照亮我们周围的世界。看似白色的阳光，其实是由五颜六色的光混合而成的。雨后的晴空中，阳光在气雾液滴的作用下发生色散，形成不同颜色的光带，呈现在天空中，我们便看见了七色的彩虹。

💡 光的本质

为什么我们能看到各种各样、五彩缤纷的颜色呢？

实际上光的颜色是由波长决定的，在人的视觉范围内，可见光根据波长的不同可以呈现出不同的颜色。我们按照波长从长到短的顺序将它们分为红、橙、黄、绿、蓝、靛、紫。在我们的视觉范围之外还存在着紫外线、红外线等看不见的"光"。

时而迅捷刚直，时而美丽多彩，如此奇妙的光其本质究竟是什么呢？

如今科学界普遍认为，光是具有"波粒二象性"的，也就是说，光既是一种波，也是一种粒子，这种粒子被称为光量子，简称光子，它每时每刻都在以光速运动。光子具有能量和动量，在一段时间内，它表现得像是一种无形的波，可以发生折射、反射、干涉及衍射等，还能根据不同的波长呈现出不同的颜色。但如果将时间定格在某个瞬间，它又像是粒子。当光照射到某些金属上时，光就像一个小颗粒，携带着能量击中了金属，激发出带电的粒子，使光转换成电。这种现象被称为光电效应。

光像一个"精灵"一样变来变去。你以为它是波的时候，它偏偏能表现出微观粒子的性质；你以为它是粒子的时候，它却又好像只是在空间里回荡的波，镜花水月般让人捉摸不透。这就是光的波粒二象性。

虽说光的脾气古怪，但我们的生活却一刻也离不开它。如果没有光，整个世界将陷入黑暗，植物将停止生长，一切生物将走向死亡。正是光让我们看见颜色与光影，见证美与丑、善与恶。我们可以利用光电效应，收集太阳能激发的电子，使其产生源源不断的电能，驱动电器与汽车；也可以制造出无比强大的激光，切割和雕刻坚硬的金属，或将其化为手术刀，为人们减轻病痛。

我们总是身不由己地与这个神秘的物理"精灵"打交道，有时候它会帮助你，有时候它也会跟你开玩笑，让你眼见不一定为实。

》》知识小卡片

光的折射　光从一种介质斜射入另一种介质时，传播方向会发生改变，从而使光线在不同介质的交界处发生偏折，这就是光的折射现象。光的折射与光的反射一样，都是发生在两种介质的交界处，只是反射光返回原介质，折射光则进入另一种介质。

人类是怎么认识光的

如果将人类认识光的故事完整地写出来，那将是一部精彩的悬疑小说。光学的发展经历了萌芽时期、几何光学时期、波动光学时期、量子光学时期和现代光学时期 5 个时期。

💡 萌芽时期

人类对光的认知最早可以追溯到 2400 多年前。我国先秦时期的《墨经》中，就已经对生活中的各种光学现象进行了简单记载，包括光和影的关系、镜子的

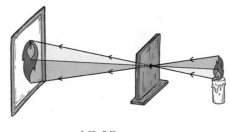

● 小孔成像

反射及小孔成像。古人凭借自己的智慧，对日常生活中看到的各种视觉现象进行了总结，但古人不知道这些看似平常的现象中还隐藏着许多秘密。

💡 几何光学时期

17 世纪，随着折射、反射等几何光学理论的逐渐完善，光学作为一门科学在欧洲诞生了。当时的科学家们开始思考：光究竟是什么？围绕这个疑问，两种针锋相对的观点横空出世。科学家及相关学者关于这两种观点，喋喋不休地争论了几个世纪。

早期，大多数人认为光的本质是一种波。所谓波，就是以一定规律不断传播的振动，如掉入水中的石子会导致水面振动，并向四周扩散，形成水波；声音的激荡会导致空气振动，并向四周不断传递，形成声波。一些物理学家认为光也与这些东西类似，是自然界某种力量引起的涟漪。因为光的一些基本属性，如反射、折射等与波非常类似。

当然，人们也意识到光与声有一个明显的不同点：声的传播需要介质，而光的传播不需要介质。为了解释这一点，人们想象出一种叫"以太"的物质。以荷兰物理学家克里斯蒂安·惠更斯为代表的"波动派"物理学家们认为："以太"弥漫在整个宇宙中，光波可以在"以太"中传播，就

像声波可以在空气中传播一样，传播速度快到离谱的光，则是由"以太"粒子之间的一系列弹性碰撞导致的。可以想象这样一幅场景：整个宇宙都充斥着一种名为"以太"的小球，活泼可爱，弹性十足。其中一个小球发生运动，碰向另一个小球，从此一发不可收拾，"以太"小球们疯狂弹跳、碰撞，将光波以惊人的速度传播出去，这便是当时光在人们心中的样子。

波动光学时期

波动学派一度如日中天，但物理学家牛顿却提出了不同的见解。1666 年，牛顿通过三棱镜的色散实验，证明了阳光是一种由不同颜色的光线组成的混合光。三棱镜可以把光分解成彩虹条带，这种现象被称为光的色散。基于研究，牛顿提出了另一种假说——微粒学说。他认为光是一种比分子、原子都要轻得多的微观粒子，它们像子弹一样，以难以想象的高速度在空间中运动。这些粒子有大有小，质量各异。光的色散现象就是三棱镜将光中质量不同的光粒子分散开了，质量差不多的粒子聚在一起，不同的颜色代表不同质量的粒子。这一解释比波动学说更加具体、直观，得到了人们的广泛认同，成为 18 世纪物理学界的主流。很长一段时间内，人们都认为光只不过是由一些微小的粒子组成的，就像沙子和土壤一样，或许有一天人们可以把光捧在手中，装进瓶里。

粒子学说终究无法对光的行为做出完美的解释。

19 世纪初，英国物理学家托马斯·杨通过双缝干涉实验，证明了光的波动性，同时也通过波长的理论对色散现象进行了解释：不同的光线颜色代表不同的波长。后来，法国物理学家奥古斯丁·让·菲涅耳又借助著名的泊松光斑实验，通过波动学说解释了光的衍射现象。这样一来，人们不得不将

> **托马斯·杨**
>
> 英国医生、物理学家，光的波动学说的奠基人之一。他不仅在物理学领域名享世界，而且涉猎广泛，如力学、数学、光学、声学、语言学、动物学、考古学等。他对艺术也颇有兴趣，他热爱美术，几乎会演奏当时所有的乐器，并且会制造天文器材，还研究保险经济问题。

光的波动学说重新挖出来，波动学说再次占据了主导地位。之后这一学说被不断完善，几乎成了公认的事实。

量子光学时期

当时，人们几乎认定了光是在"以太"中传播的波，但故事并没有结束，物理学上空的两片乌云正在逐渐聚集。

第一片乌云就是"以太"学说的破灭。人们一直假定"以太"是存在的，但这会导致一个必然的结果——"以太风"。地球并非静止不动，而是以大约 30 千米每秒的速度绕着太阳运动。如果宇宙中充满了"以太"这种物质，那么地球从"以太"中呼啸而过，就会产生相对运动，地球表面就会刮起巨大的"以太风"。作为在"以太"中传递的光波，必然会受到"以太风"的影响。假如是这样，人们应该得出一个更加直观的结果：从地球上观察，"顺风"的光传播得快，"逆风"的光传播得慢。但实验证明这种差异并不存在，那"以太"也就不存在。

既有大量证据证明光是一种波，又有大量证据证明光是一种粒子。最不可思议的是，还有更多的证据证明二者都不是。几个世纪的争论一夜之间回到了原点。

不久之后，物理学的第二片乌云到来，它彻底改变了人类看待世界的方式，也带来了新的答案。

长久以来我们一直以为，无论能量，还是物质，都是连续的，就像一条橡皮筋，中间是不断的。人们可以把任何东西分成无数份，每一份的大小或者其他属性可以精确到小数点后无数位，只要有足够锋利的刀，就可以细分任何东西。然而在 19 世纪末，科学家们发现，基于这种常识的经典物理学根本无法解释黑体辐射实验（一个能吸收外部的一切电磁波，而不发生反射和透射的物体被称为黑体。这是一种理想化的物体，现实中不存在。黑体辐射实验用来测定黑体在不同温度下向外辐射的各个波长的电磁波的辐射强度）的结果。此时德国物理学家马克斯·普朗克等人给出了一个近乎完美的公式，对实验结果进行了解释，并提出了量子假说：带电微粒所携带的能量只能是最小能量值的整数倍，这个最小能量值被称为能量子。也就是说，能量不是连续的，它就像流动的人群那样，是由一个个不可再分的个体组成的。这个与经典物理学背道而驰的假说就是量子力学的基础。

量子理论的产生为光学带来了新的启示，终结了波动学说与粒子学说数百年的争论，这便是目前为止受到普遍认可的结论——光的波粒二象性。也就是说，光这种量子同时具有波和粒子两种属性。

这个理论令当时所有的物理学家都非常震撼。因为在此之前，谁也不会想到一个粒子竟然能拥有双重属性。

随着量子力学的确立，人们对光是波还是粒子的争论，终于平息了。

1887年，美国物理学家阿尔伯特·亚伯拉罕·迈克尔逊和莫雷·爱德华·威廉姆斯做了一个巧妙的实验，得出了光速不变论。也就是说，在任何方向和参考系下，光速都是不变的。这个看似简单的结论直接否定了"以太"的存在。我们难以想象这个结论在当时引起了多大的轰动。光的波动学说是建立在"以太"作为介质的基础上的，现在"以太"消失了，整座光学大厦也就崩塌了，之前的一切理论都从高空轰然坠下。而就在同一年，光电效应被发现了，这一发现再次扭转了人们对光的看法，人们认为似乎粒子学说更有说服力。

1905年，爱因斯坦在《物理年报》上发表了自己关于光的见解。他认为光的本质是"光量子"，简称光子。它们是一个个量子形式的、不可再分的单位。如果我们能将时间停止，会发现光在照到物体的一刹那表现出粒子的特性，携带着能量和动量，真真切切地击中了某一个点。但当时间恢复流动，这些不连续的量子则表现出波的特性，可以发生干涉和衍射等，但其传播不需要任何物质作为介质。

爱因斯坦告诉我们，光既不是波，也不是粒子，它只是表现出波和粒子的性质。光更像一份份量子化的能量，依靠电磁场在空间中以波的形式传递，但每一份能量本身都具有类似粒子的特性，可以诱发诸如光电效应等现象。

💡 现代光学时期

如今光的量子理论不断得到验证，而量子理论不只改变了人们对光的看法，其真正的意义还在于改变了我们看世界的方式，为人类研究微观世界打开了一扇闪耀着万丈光芒的窗。

知识小卡片

光电效应 光照射到某种物质上，引起物质的电性质发生变化，也就是光能转化为电能，这种现象被统称为光电效应。例如，在一定的光照下，金属中的电子可以从表面逸出，逸出的电子被称为光电子。

变色龙身上的"光学迷宫"

在潮湿的南美雨林中，两只雄性变色龙狭路相逢，正剑拔弩张地对峙着，只见它们绿色的皮肤上逐渐浮现出黄色的斑纹，斑纹由黄变橙，又逐渐变得通红，如同燃起的火焰。它们皮肤上的颜色为什么能变来变去呢？

原来变色龙拥有一种神奇的能力，即根据情绪迅速改变自己的体色。变色龙平静时，身体通常是蓝绿色的，可以很好地融入植被中；一旦受到刺激，它们身上的绿色部分就会变成黄色，甚至红色，以此宣泄情绪，发出警告。变色龙就像一块行走的霓虹灯牌，通过色彩传递信息。

变色龙是如何展现出如此丰富的色彩的呢？

刚开始，人们认为变色龙可以变色是因为皮肤里拥有多层可以自由伸缩的色素细胞。当它们需要变成某种颜色时，这种颜色的细胞就会舒张，将颜色呈现在皮肤表面。这种解释看似很有道理，却被后来的研究结果否定了。原来变色龙的皮肤中只含有黄色、黑色和少量红色的色素细胞，这几种色素细胞显然无法支撑它们在多种颜色间转变的能力。

人们推测，变色龙的皮肤中一定有一种更神奇的物质，不依赖色素就能产生多彩的视觉效果。

2015 年，一项研究向我们证实了这一猜测：变色龙体表的色彩并非完全是色素的功劳，还有结构色。

● 对峙中的变色龙

💡 色素色与结构色

我们的生活中有着各种各样的色彩，按照形成原理可以分为色素色和结构色。色素色又称为化学色，日常生活中大多数色彩属于这一类。翠绿的树叶、姹紫嫣红的花朵，以及颜色丰富的衣服中，都含有色素色。阳光中包含了各种波长的光，当阳光照在一个物体上时，一部分光被物体表面的色素吸收了，另一部分则被反射出来，进入了我们的眼睛，反射出来的这一部分光就形成了其特有的色彩。例如，绿色的叶片，就是将阳光中除绿光以外的光都吸收了，只有绿色光反射了出来，于是我们看到的叶子就是绿色的。

结构色的呈现机理与色素色完全不同。它不是吸收光线的化学物质，而是纯粹由物理作用形成的。带有结构色的物体表面具有规则排列的细微结构，这些结构对光线进行复杂的干涉、散射和衍射，从而使物体呈现出特定的色彩。这些结构单元本身不具有任何颜色，但可以通过特殊的排列方式与光线发生神奇的作用，达到只反射特定波长光线的效果。它们就像微观世界的光学迷宫，通过精心的布局，安排特定色彩的光走出迷宫，进入我们的眼睛。这种能通过微观结构呈现出来的色彩就是结构色。

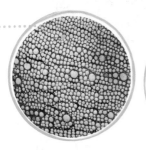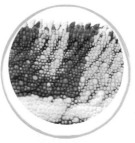

● 变色龙皮肤结构微观图

💡 "光学迷宫"

在变色龙的身上，我们可以看到结构色最出神入化的运用。在它们的皮肤里有两层厚厚的细胞，外层细胞中整齐地排列着大量纳米级别的光学晶体。当它们平静下来的时候，这些光学晶体间距较小，能够反射波长较短的蓝色光线，与皮肤中的黄色素叠加成绿色；而当它们情绪激动的时候，就会主动调节光学晶体的间距，使之变大，让它们反射波长较长的黄色光和红色光，从而使外表呈现暖色调。所以，变色龙的皮肤里隐藏的是一座"光学迷宫"，变色龙可以通过调整"光学迷宫"的布局，控制通过的光线，从而表现出多种变化的色彩。

变色龙皮肤内层的细胞肩负着另一项重任，这些细胞里的光学晶体体积更大，对阳光反射率更高，尤其能反射可以发热的红外线。这就像一件隔热服，可以帮助变色龙调节体温，防止它们在高温下热晕。

💡 其他动物身上的结构色

在自然界中，结构色并不罕见。巴西大蓝闪蝶的翅膀呈现出明亮的蓝色，也是由翅膀鳞片上的细微结构造就的。实际上，动物身上多数蓝色或者具有浓烈金属色泽的彩色都是结构色的功劳，如翠鸟碧蓝的羽毛、孔雀斑斓的尾羽、甲虫身上随角度变换的金属光泽、某些热带鱼身上霓虹灯一般的色彩。而生活中最常见的结构色就是刻录光盘随观察角度变化而展现出的多种颜色。在光盘表面通过微观蚀刻储存大量信息的同时，这些结构也在无意间造就了一座"光学迷宫"，让光盘呈现出"飘忽不定"的色彩。

●大蓝闪蝶

●青凤蝶

💡 结构色的特点

结构色有哪些特殊的作用呢？这要从其特性谈起。

色素色有一个明显的缺点，就是会随着时间而褪色。在光线的不断作用下，化学物质会被逐渐分解，导致吸收颜色的能力消退，如逐渐暗淡的老照片。而结构色是基于微观结构形成的，它们就像是刻在石头上的文字一样牢固。从白垩纪琥珀里甲虫的鞘翅上，我们依然可以看到这些绚丽的色彩。这是色素色无法比拟的优势，即结构色可以表现出具有高饱和度的色彩，而且这些色彩坚如磐石，可以经受恶劣环境和时间的考验。此外，我们可以根据变色龙的变色原理，制造通过改变微观结构能随意变色的颜料，或者反射红外线的隔热材料。所以，结构色在生活、军事、医疗等领域都有着广泛的应用。

结构色可以让大自然和我们的生活变得更加多彩。吸收掉一切光线的黑色，也同样重要。从色素色的角度来说，当一个物体中的化学物质吸收了所有可见光时，它就会呈现出黑色。但是，做到这一点并不容易。

那么，如果从微观结构与光的相互作用来看，是否可以制造出更加纯粹的黑色呢？答案是肯定的。

假如我们布置这样一座光学迷宫：任何颜色的光线进去后就再也无法走出来。此时，这座迷宫就成了不反射任何光线的黑暗城堡。

2014 年，科学家们研制出一种超黑材料——梵塔黑（Vanta black），这种材料对特定波长的光的反射率约为 0.035%，呈现出黑洞般深邃的颜色，把它涂抹在物体的表面，就可以隐去所有凹凸不平的细节，仅仅剩下一个二维的黑色轮廓。

这是如何做到的呢？

Vanta 其实是"垂直排列碳纳米管阵列"的缩写，这种超黑材料的表面垂直排列着密集的碳纳米管，每根纳米管的直径只有头发直径的万分之一，以至于光子都无法顺利通过。密集的纳米管阵列就像一座森林，光线会在这片无穷无尽的森林里不断反射、偏折，直到最终被吸收，彻底迷失在森林里。这座森林便是"超级黑暗"的秘密。这一材料入选了吉尼斯世界纪录，成为当时世界上最黑的材料，随后研发出来的超黑材料也大多应用了类似的原理。

超黑材料的应用十分广泛，可以隐去一切细节和大量视觉信息，可用于军事设施伪装和保密工作。同时，因为它有极高的光吸收率，也可用在光学仪器上吸收和干扰光线，或者制造效率更高的太阳能电池板。

色彩为我们的世界勾勒出轮廓，使每个物体呈现各自独特的风格。无论是色素色还是结构色，都让我们的生活变得绚烂缤纷。

知识小卡片

结构色 又称物理色，是由于动物体壁上的各种细微结构使光波发生折射、干涉、衍射等产生的颜色。

色素色 又称化学色，当阳光照在一个物体上时，一部分光被物体表面的色素吸收了，另一部分光被反射，从而被我们看到，这部分光的颜色就成了其特有的色彩。

隐身衣的秘密

　　小说《哈利·波特》为我们呈现了一个奇异的魔法世界，主角哈利·波特拥有一套功能强大的隐身衣，只要披上它，就会在人们的视线中瞬间消失，这套隐身衣多次帮助哈利·波特在险象环生的环境中化险为夷，完成任务。

　　小说中的隐身衣自然可以用魔法进行解释。但在现实世界中，我们是否也可以利用物理学原理，制作出一套和魔法世界中一样的隐身衣呢？

💡 隐形战斗机

　　提到隐形技术，人们可能会想到空中的隐形战斗机。隐形战斗机并不是看不见的战斗机。在瞬息万变的空战中，除了飞行员的眼睛，雷达是最重要的侦测装备。地面部署的部队会利用雷达时刻关注空中的风云变幻，空中的飞行员也可以依靠雷达提前发现视野范围之外的敌人，雷达的侦测范围远远超过了眼睛的观察范围。与眼睛不同，雷达通过无线电波"看到"物体，雷达向外发射无线电波，无线电波接触到物体后反射回来，再被雷达接收，这样就实现了对远处物体的侦测。隐形战斗机，其实是针对雷达实现的隐形。这些隐形战斗机的表面涂有一层特殊的材料，可以吸收雷达发出的无线电波，不让对方接收到信息。同时，它们的外形也比较怪异，大多棱角分明，几乎没有曲面出现。因为曲面就像一个凸面镜，对于各方向的无线电波都可以很好地反射回去，这就让飞机更容易暴露，而多个平面衔接而成的飞机，可以使接触到的无线电波的传输方向发生偏折，反射到其他方向，进一步减少被雷达发现的可能。

　　对技术先进的战斗机来说，隐形功能已经是一项必需的配置，以期最大程度地骗过雷达，让空中或者地面的敌人难以锁定它，大大提升了生存能力。

　　但是，隐形战斗机一旦进入人们的视距范围内，就再也不能隐身了。因为吸收可见光并不难，给飞机表面涂上一层可以吸收大多数波长的光的材料就可以了。但是，这种做法的后果是把飞机变成了纯黑色的，我们不会认为一个纯黑色的物体是不存在的。要想骗过我们，需要让我们透过物体看到后面的背景，这样只能让物体变得完全透明才行。

当然，飞机不可能让光线随意穿过。

💡 负折射材料

隐身的方案需要另辟蹊径。既然光线无法直接穿过机体，那么让它绕行就可以了。如果有一种材料，可以改变光的路径，让物体背后的景物所反射出的光线在抵达物体背面时就能避开物体，那么人就会看到物体背后的景物，而意识不到物体的存在。这样就可以实现隐身了。

这种材料的确存在，就是负折射材料。

顾名思义，负折射材料就是折射率为负数的材料，其特殊的折射路径导致特定频率的电磁波经过这种材料时会绕行，这就为隐身提供了可能。简单地说，就是通过一种技术，让光线绕路走。

然而，到目前为止，真正意义上的隐身衣依然没有出现。这主要有两方面的原因：一方面，目前问世的负折射材料只能在很小的面积上发挥作用，远远达不到像隐身衣那样覆盖整个人的效果；另一方面，即便真的出现了可以让整个人隐身的负折射材料的隐身衣，那么对于穿这件衣服的人来说，也会完全看不见外面的世界。这是由光的性质决定的，光线绕路走，到达不了我们的眼睛，我们自然就什么也看不到了。这样的隐身衣和我们想象中来去自如的隐身衣还有很大的差距。

尽管存在很多困难，但是科学家对于负折射材料及其应用的研究依然在如火如荼地进行着。我们相信在不远的将来真的会出现"隐身斗篷"。

不论是隐形战斗机还是负折射材料，这些物理学原理的巧妙应用无不展示了人类的智慧。随着我们对世界认知的不断深入，未来我们依然可以创造出更多奇迹。

2001年，科学家们通过特殊的排列结构，实现了微波频段的负折射；2008年，人们制作出了可见光波段的负折射材料。看来，距离真正制作出隐身衣不远了。

小贴士

奇异的激光

　　20世纪，人类发明了一种具有超能力的光，亮度可以达到太阳光的100亿倍，被称为"最快的刀、最准的尺、最亮的光"。这种奇异的光就是激光。著名诗人艾青在《光的赞歌》中曾提到，"光把我们带进了一个光怪陆离的世界：X光，照见了动物的内脏；激光，刺穿了优质钢板"。

　　激光究竟是一种什么样的光，为什么会有这么强大的本领呢？

💡 激光的诞生

1917 年，爱因斯坦提出了"光与物质相互作用"的理论，指出在组成物质的原子中，有不同数量的粒子（电子）分布在不同的能级上，当高能级上的粒子受到某种光子的激发时，会从高能级跳到（跃迁）低能级上，并会辐射出与激发它的光相同性质的光，而且在某种状态下，还能产生一个弱光激发出一个强光的现象。这个过程叫作受激辐射的光放大，简称激光。

由此可见，激光并非自然界原有的光，而是人类使用一定的技术，让原子内部的电子受到某种光子的激发，从而使得原子中的粒子发生能量级的变化，并向外界辐射出光子。有趣的是，在这种状况下被激发出来的光子，和最初起激发作用的那个外来光子的特性一模一样，就像被"克隆"出来的一样。

这些光还可以继续激发出其他的光子，不断叠加，产生更强的光，其亮度甚至可以高出太阳数百亿倍。

由于激光具有普通光不具备的优良性能，所以激光在诞生之后很快就得到了广泛应用，并被列为 20 世纪人类的重大发明之一。

激光有哪些优势呢？

💡 激光的方向性

激光具有良好的方向性。当我们使用手电筒照射远处物体时，会发现光斑变得很大，这是因为手电筒的光线是向四面八方散开的。但是激光不同。激光器有一个重要的结构：谐振腔。这是一个细长的空腔，两端有两面相互平行的镜子。一面是全反射镜，可以将光线全部反射回去；另一面是部分反射镜，在反射大部分光线的同时允许少量光线通过。受激辐射产生的光子会在两面镜子之间来回振荡，并激发出更多光子，进行放大，进而稳定，最终从部分反射镜中透射出的光线才是我们使用的激光。经过在谐振腔的振荡，此时的激光方向性极好，基本与谐振腔的方向一致，不会四散开来。

💡 激光的亮度

激光具有极高的亮度。人类第一次使用激光照射月球时，激光在月球上的明亮光斑直径约为两千米。这是通常的光线不可能做到的。即使是大功率的探照灯，在经过38万公里的传播距离之后，其光斑已经足以覆盖整个月球，但亮度早已微弱到肉眼无法察觉。

良好的方向性和惊人的亮度让激光成为宇宙中最为精准的一把尺子。地球和月球之间的距离就是使用激光测量的。自1969年人类首次登月以来，宇航员和登月器在月球表面放置了5个激光反射镜，这让地月距离的精准测算成为可能。只要向月球表面的反射镜发射激光，再用接收器接收反射回来的激光，将发射和接收的时间间隔乘以光速再除以2，就能获得地月之间的距离了。激光测量极为精准，地月距离的计算误差可以控制在8厘米以内。随着激光技术的进一步完善，其精准度还可以继续提高。

💡 激光的能量密度

激光具有极高的能量密度。一束激光携带的能量并不一定很高，但是只要将这些能量集中在一点，就可以产生极高的温度，让激光变成一把既温柔又无坚不摧的利刃。这种"激光刀"产生的高温足以使金属升华，可以在工业生产中用于切割坚硬的金属，也可以为病人消除病灶。此外，激光的灼烧还能让切口处的小血管自动凝结、封闭，降低出血量，让手术更加安全。

💡 激光是最"纯净"的光

激光不但是最亮的光，还是最"纯净"的光。太阳及白炽灯所发出的白光都是混合光，包含了不同波长的光线；而激光可以将其波长控制在很小的范围内，具有良好的单色性，让人类得到更加"纯净"的光，以应对生产生活中的特定需求。例如在视网膜手术中，医生

会使用单一波长的绿色激光进行手术。因为这个波长的激光可以轻松穿透眼睛的晶状体和玻璃体，而且几乎不被吸收，能避免不必要的伤害。

💡 全息照相

激光还能用于拍摄具有三维立体效果的全息照片。所谓全息照相，就是记录物理世界中一个物体全部光学信息的照相方法，全息照相技术就是将一束激光通过镜子分为两束：一束照向物体，再由物体反射到底片上，另一束则直接照到底片上，这两束激光相互干涉，产生干涉条纹，而这些条纹中就包含着物体的全部光学信息，通过合适的手段还原，我们就能看到真实的三维影像了。全息照相利用的是激光的波长、振幅及相位特性相同的特点。照片上不同的色彩，无外乎是因为光具有不同的波长而已。

💡 激光的应用

激光早已经融入我们的生活。超市里扫描条形码的扫码枪发出的是激光，激光打印机里有激光，在信息时代，激光甚至作为一种通信手段，流淌在光纤组成的网络里。激光也已在工业、军事、医学、探测、通信等方面得到广泛应用。

激光是神奇的物理世界与人类智慧相互碰撞产生的火花，是人类文明发展过程中的伟大成就之一。人类的每一次重大发明，都会成为推动科技发展的一个动力。它或许无法像电影中的超人那样一次又一次拯救世界，但可以通过合理的应用，让我们的生活变得更加美好。

> 《 知识小卡片
>
> **光子** 光量子，简称光子，是电磁辐射的载体，是所有电场和磁场产生的原因。

双面怪侠——X射线

如果运动中不小心伤到了骨头，就不得不去看医生了。医生做的第一件事情就是让伤者去拍摄X光片。因为X射线可以透过肉体，将骨骼的情况清晰地以照片底片的形式展现出来，帮助医生判断伤情。

X射线仪器就像神奇的透视眼，给人们带来很多方便。

其实X射线的发现是一场意外。

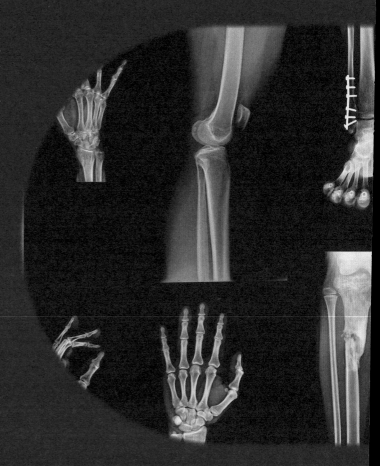

●X光片

💡 发现 X 射线

1895 年 11 月 8 日，德国物理学家威廉·康拉德·伦琴正在摆弄阴极射线管，他发现 1 米开外的荧光屏上出现了蓝白色的光。伦琴不明白，阴极射线是电子流，它是无法通过玻璃管壁的，更不可能在空气中传播 1 米多的距离后打到荧光屏上。投射在荧光屏上的光既然不是阴极射线，那么会是什么呢？

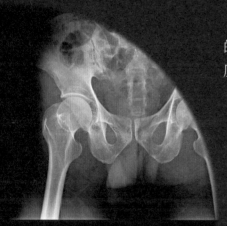

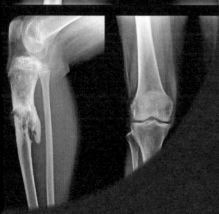

伦琴经过反复的实验，确认了这是一种新的射线。它有着惊人的穿透力，可以穿透 2 ~ 3 厘米厚的木板、上千页的书。但是，1.5 毫米厚的铅板却能把它挡住。不仅如此，伦琴还发现当这种射线穿过自己的手时，可以穿透肌肉，从中隐隐约约地能看出骨骼的结构。伦琴将这种未知的射线命名为 X 射线。

后来有一天，当他的爱人来实验室看他时，伦琴用新发现的射线给了爱人一个惊喜：他用 X 射线把爱人戴着婚戒的手拍了下来。这就是人类的第一张 X 光片，也是我们人类第一次在不受伤的情况下，透过仪器清晰地直视自己的骨骼。

X 射线被发现后，很快得到了普及，并在医学上得到应用。1901 年，伦琴因此获得了诺贝尔物理学奖，X 射线也被后人称为伦琴射线。

💡 X 射线的本质

X 射线是如何"看透"我们的呢?

X 射线又被称为 X 光,和可见光一样,它是一种电磁波,但与可见光不同的是,X 射线有着更短的波长和更大的能量,有很强的穿透性。它可以穿透人体组织,并且在不同的组织中,穿透力各不相同。当 X 射线照射我们的身体时,它可以轻松地穿透肌肉和脂肪,但是,遇到更为致密的骨骼时,它就难以前进了,因此骨骼对应的底片感光程度较低,甚至不感光。这样一来,体内的骨骼就被原原本本地呈现了出来,经过影像技术的处理,我们就看到黑白相间的 X 光片了。

💡 X 射线的热度

自从伦琴发现 X 射线后,人们就对这种神奇的射线充满了兴趣,对它的研究和应用热度只增不减。很多医院让医生在 X 射线的照射下进行外科手术,以求让"透视眼"随时保持工作状态。

在医学领域外,有些人看到了藏在 X 射线里的商机。有一些鞋店推出了 X 光试鞋机器,以求在"可视化"的帮助下,为人们找到最合脚的鞋子。这个产业风靡一时,以至于很多高档鞋店里都备有 X 射线荧光屏。这些看来很疯狂的应用,在客观上推动了 X 射线的发展。

💡 X 射线的副作用

但是,很快人们就意识到过度接触 X 射线会付出沉重的代价。

作为德国的 X 射线专家,勋伯格为 X 射线的发展做出了巨大贡献,包括创办了相关的期刊,以及编写了 X 射线技术的教科书。但是,由于长期暴露在充满辐射的工作环境下,他不幸患上了皮肤癌,无奈只能截去左臂和右手中指,他在 56 岁时就去世了。在 X 射线应用的热潮中,爱迪生的助手达利负责 X 光管的预热工作,他经常把手放在 X 光管和荧光屏之间,等到手骨的图像清晰可见,就表示机器预热好了。因为长期受到 X 射线的辐射,达利的手指逐渐出现病变,随后截肢,8 年后不幸离世。类似的事件层出不穷,用 X 射线进行科研的先行者们付出了很大的代价。

在德国汉堡乔治医院花园里，有一座由伦琴射线学会建立的X光纪念碑，用于缅怀那些在X射线研究事业中牺牲的先行者们。

X射线像是个双面怪侠，在给人们带来方便的同时，也带来了危险。

作为一种高频率、高能量的电磁波，X射线可以引发电离作用，造成电离辐射。具体来说，当X射线照射到人体的细胞时，会造成细胞的严重破坏。当辐射剂量足够大时，会让原子组成的大分子发生异变。这些大分子的变化会反馈到细胞上，让细胞的功能受到严重的影响，最终导致人体组织的病变，甚至引发恶性癌变。

💡 如何合理使用X射线

当人们意识到X射线辐射的可怕威力后，X射线的荒唐热潮迅速消退了。如今，使用X射线有一套严格的规范，拍摄X光片时需要有铅制的隔离门将房间隔离，而每一次拍摄也会严格控制剂量，以免过量的辐射让病人的健康受到影响。而从事X射线相关工作的科研人员和医疗人员，也需要穿上隔绝辐射的防护服。

X射线为无数病人带来了希望，同时也夺走了数不清的生命。我们应该科学地使用它，同时，也应该致敬那些科学先驱，是他们的不断发现，才让科学不断进步。

威廉·康拉德·伦琴，德国物理学家，1901年成为第一位诺贝尔物理学奖获得者。1540—1895年对X射线进行研究的科学家有25位，伦琴在他们的研究基础上努力探索，终于取得了成功。

知识小卡片

电离辐射 能使受作用物质发生电离现象的辐射，即波长小于100纳米的电离辐射，其特点是波长短、频率高、能量高。

● 穿着防护服的与X光相关的工作人员

关于声

声是物体振动时产生的能引起听觉的波。

宇宙无时无刻不在运动着，所以，声就像宇宙万物弹奏的交响曲。有些我们能听见，有些听不见。声无处不在，无时不有。

人类对世界的认知，是通过听、闻、看、触等感觉去感知的。假如我们失去了对声的感受能力，也就失去了与世界交流的一种重要方式。声是如此重要，让我们不由得好奇探问：声究竟是什么？它有什么物理特性？又能产生哪些有趣的现象呢？

说说声音的身世

声音无处不在。人们的说话声、汽车的喇叭声、鸟的鸣叫声、手机里的乐曲声……这些声音是如何产生的，是如何传播的，又是如何被我们感知到的呢？下面，我们就来说一说这位"既熟悉又陌生"的"朋友"的身世吧。

声音是指由物体振动产生的，通过介质（气体、固体或液体）传播，并能被人或动物的听觉器官所感知的波动现象。

声音的本质

中国古籍《礼记·乐记》里说："感于物而动，故形于声。"

声音的本来面目是振动。声音的产生、传播和接收都离不开振动。

弹拨琴弦或敲击琴键，琴就能发出乐声；运用气息让声带振动，人就能说话；火车奔跑使轨道产生振动，人离很远就能听到火车奔跑的声音……

只要有声音，就有声源。如果忽然听到一个喊自己的名字的声音，我们就会下意识地四处寻找，看看那个声音是谁发出来的。其实，我们每个人都自带声源——声带。说话、唱歌都是通过声带振动产生的。

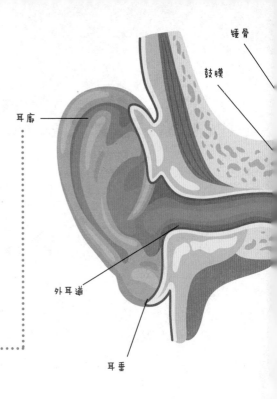

锤骨

鼓膜

耳廓

外耳道

耳垂

既然声音的产生与传播和振动有关，那声音的感知自然也离不开振动。感知声音的振动发生在我们特有的听觉器官中。说到听觉器官，通常首先就会想到耳朵。

常用的录音设备就类似我们的耳朵，只不过当声音引起振膜振动后，电子元器件将振动转换成了电信号，从而将声音记录在录音机、计算机、手机等电子设备上。

耳廓仅仅是听觉器官的一部分，完整的听觉系统还包括外耳、中耳和内耳。

🔊〰️声音的传播

振动产生了声音，声音从一个地方到达另一个地方，是通过介质传播的。介质是指从发出声音的地方到接收声音的地方之间的物质，这些物质可以是气体、固体或者液体。有了这些介质，声音就可以实现传播。用音叉在水面敲击产生振动，我们可以看到一圈圈扩散出去的水波。声音正是以波动的方式向周围传播、扩散的。因此，传播出去的声音也被称为声波。

由此可见，声音的传播就是声源的振动引发介质振动，然后振动又在介质中不断传递的过程，如平时我们说话通过气体传播声音，骨传导耳机通过固体传播声音，而水下通信用的声呐系统则通过液体传播声音。

🔊知识小卡片

声源 物理学中，正在发声的物体叫作声源。但我们往往不会脱离声源周围的介质来单独讨论声源，空间中同样的物体、同样的状态，如果脱离了介质，就不能产生声波。

声波 发声体的振动在空气或其他物质中的传播叫作声波。声波借助各种介质向四面八方传播。空气中传播时声波是一种纵波，是在弹性介质中传播的振动。但在固体中传播时，声波可以同时有纵波和横波。

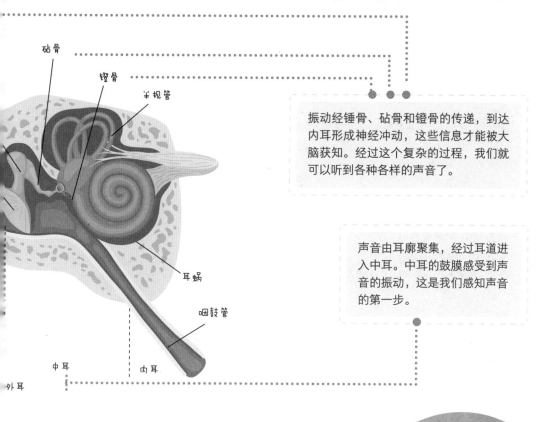

砧骨

镫骨

半规管

耳蜗

咽鼓管

中耳

内耳

外耳

振动经锤骨、砧骨和镫骨的传递，到达内耳形成神经冲动，这些信息才能被大脑获知。经过这个复杂的过程，我们就可以听到各种各样的声音了。

声音由耳廓聚集，经过耳道进入中耳。中耳的鼓膜感受到声音的振动，这是我们感知声音的第一步。

声波是一种机械波，在气体和液体中传播时，是一种纵波，比如水波是沿着水面向远方传播的；但声波在固体中传播时，可能是纵波，也可能是横波。横波是指声波的传播方向与声源振动方向垂直，纵波是指声波的传播方向与声源振动方向相同。

如果没有介质，声音就无法传播了，关于这一现象我们可以通过"真空钟实验"来验证。当闹钟被放进一个密闭玻璃罐时，闹钟的声音通过罐子内外的空气及玻璃实现传播，从而被我们听到。但当把玻 璃 罐内的空气抽光时，内部形成真空，声音传播的介质就没有了，声音也就无法传播出来了。

虽然我们平时都说"听"声音，但只要细心观察，同样可以"看"到声音。比如，我们能看到正在播放音乐的音箱、喇叭表面以及正在发声的音叉产生的振动。

● 音叉

小贴士

🔊〰️ 声音的特性

为什么我们听到的声音各不相同呢？要回答这个问题，就要先了解一下声音的三个特性：响度、音色、音调。

响度

也叫音量，就是通常所说的声音大小。它是由声音振动的幅度大小决定的。振幅越大，响度越大，反之越小。

音色

也叫音品，由声源物体的材质决定。所以用同一物体敲击木头和敲击金属的声音不同。

音调

也叫频率（单位是赫兹，Hz）。赫兹是德国物理学家海因里希·鲁道夫·赫兹提出来的。1赫兹表示1秒内振动的次数是1。振动越快，音调越高；振动越慢，音调越低。

我们平时听到的各种各样的声音就是由以上三个特性的组合决定的。当然，组合得好就可能是一段优美的乐曲；组合得不好，可能就是噪声了。

自然界的声音

可听声：正常人耳能听到的声音，频率在20赫兹到2万赫兹之间。

次声：频率低于20赫兹的声音。次声在传播过程中具有能量衰减小、传播距离长的特点。人耳无法听到次声，但某些动物，如大象，能感知到次声。暴风雨会产生次声，所以一场暴风雨形成的水塘，会吸引远在上千米外的大象前来饮水。

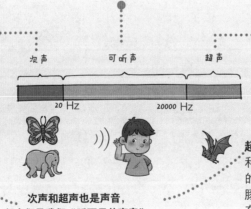

● 超声波
医学仪器

次声和超声也是声音，
但它们是我们"听不见的声音"。

超声：高于2万赫兹的声音。蝙蝠利用超声波进行探测，能够在漆黑的夜空中灵巧飞行、捕捉猎物；海豚同样是利用超声波的高手，它们在水下利用超声波进行定位、通信，即使在黑暗的大洋深处，海豚们照样身手敏捷、沟通顺畅。

虽然有一些声音人类听不见，但人类也在利用这些听不见的声音造福自己的生活，如利用次声波进行地质灾害预测，利用超声波进行医学诊断等。

声音对于我们如此重要，让我们多多留意身边的各种美妙声音吧。

丹顶鹤大嗓门的秘密

    鹤是一种珍稀的禽类，身姿优雅，仙气飘飘，非常漂亮。但让人印象更深刻的恐怕是它响亮的大嗓门。"鹤鸣九皋，声闻于野"就是用来形象地描绘丹顶鹤的叫声的，意思是说，鹤站在高处鸣叫，声音能响彻四野。

气管

体腔

鸣管

    丹顶鹤为什么能发出如此响亮的声音呢？

    鸟类的鸣叫来自它们的特殊器官——鸣管。鸟的鸣管内侧壁有一层薄膜，叫作鸣膜，可以随着气流振动而发声。鸣膜的松紧状态不同，发出的声音就不同。不同鸟类的鸣管长短、粗细、形状都不同，音色也各不相同。丹顶鹤的叫声高亢响亮，百灵鸟的叫声空灵婉转。此外，影响声音效果的还有鸣管的结构，结构不同，发出的声音也不同。以丹顶鹤为例，它的鸣管经过长长的脖子，到达体腔并在里面盘成多个圈，最末端则直接连到肺部。丹顶鹤的鸣管长度很长，是人类气管长度的好几倍。

    当丹顶鹤鸣叫时，气流就会从其肺部到喙，通过鸣管产生的声音一层一层地被放大，最后形成了嘹亮的鹤鸣。

    丹顶鹤嗓门大的另外一个原因在于它具有独特的体腔。丹顶鹤的体腔不像其他禽类一样光滑，而是凹凸不平的。气流在体腔内会快速地往复叠加，声音音量也就进一步被放大，所以显得格外响亮。

    据说丹顶鹤的叫声可以传到方圆数千米。如此洪亮的声音在丹顶鹤的生活中起着至关重要的作用。它的叫声主要用来向同伴传递信息，尤其是在丹顶鹤求偶的时候。每年三月末到四月初是丹顶鹤的求偶期，在南方越冬的丹顶鹤一回到栖息地就要开始寻找伴侣，雄鹤通过美妙的鹤鸣吸引到雌鹤，此后它们会相伴一生。

气鸣乐器

我们可以由丹顶鹤的大嗓门联想到乐器。

世界上的所有乐器可分为五大类：**体鸣乐器**、**膜鸣乐器**、**气鸣乐器**、**弦鸣乐器**和**电鸣乐器**。其中，气鸣乐器是指以空气为激振动力（引起乐器发声的最初始的激发振动，声音的源头）的发声乐器。按发声方式和声源结构的不同，气鸣乐器又分为吹孔气鸣、哨嘴气鸣、簧管气鸣、唇振动气鸣、自由气鸣和混合性气鸣等乐器。我们常见的管乐器就属于气鸣乐器。

● 各种乐器

以圆号为例，其管身比较长，并且盘成圈。在演奏圆号时，气流通过管身，声音会被一点一点地放大，最后就能发出浑厚嘹亮的声音了，这种发声方式很像丹顶鹤。与之相比，小号的管身相对比较小，演奏出的音乐的音调会更高，穿透力会更强。

管乐器的发声原理

管乐器通过管内或腔内的空气振动来发声。但是，采取什么样的激励方式能让空气振动起来，对于不同的乐器，是有区别的。激励方式总体上可归为三大类：边棱音激励、簧片激励和唇激励。所有管乐器的演奏，首先都是由不同的激励方式带动管乐器内的空气柱产生振动，然后通过各种调控机件改变振动频率、强度和持续时间，从而产生音高、音强和音长的变化。影响管乐器音色的因素较为复杂，最基本的因素是激励方式、乐器材料和开管闭管类型。

促使管乐器发声的因素有两种：一是管口的激励声源（引起乐器发声最初始的声源）；二是管内共振发声的空气柱。一般情况下，管乐器的激励声源的振动频率与管乐器内空气柱的振动频率并不一致。激励声源的振动频率受吹气的强度、角度，以及簧片质量等因素影响，而空气柱的振动频率则取决于管体的长度和体积的大小。管乐器的音高绝大多数情况下不是由激励声源决定的，而是由空气柱共振，也就是管子的长度决定的。这就是说，可以通过按住笛子孔或者改变管身长度来发出各种不同的音调。

🔊〰️ 圆号的发声特点

圆号，又称法国号，它广泛用于交响乐队、军乐队中。它有铜制螺旋形管身、漏斗状号嘴，喇叭口较大。古典的圆号有 4 个阀键（分为直立式和旋转式两种），以增加管子长度的办法降低圆号自然泛音的音高。阀键使得演奏者能够吹奏从低音 B 到高音 F 之间的所有

● 圆号

半音。圆号演奏者还可将手插入喇叭口，这样既能减弱音量，又能改变音色，形成阻塞音，也可使用梨形的弱音器，但不改变音高。用阻塞音和弱音器后音量减小，弱奏时音色温柔，有远距离的效果，强奏时音色则粗犷破裂。

虽然丹顶鹤的发声系统与圆号的结构很相似，长长的鸣管和长长的管身都能将声音层层放大，使声音更加响亮。但它们控制音调的方式却完全不同，丹顶鹤依靠鸣膜的松紧改变音调，而圆号则是通过阀键的开合改变管身的长短来改变音调。

因此，说丹顶鹤是"大嗓门"的歌者，还不如说它是自带"气鸣乐器"的演奏家。伴随着那曼妙的身姿，丹顶鹤总能带给我们一段段嘹亮的"乐曲"。

《 知识小卡片

音量 又称响度、音强，是指人耳对所听到的声音大小、强弱的主观感受，对其的客观评价标准是声音的振幅大小。这种感受源自物体振动时所产生的压力，即声压。人们为了对声音的感受量化成可以监测的指标，就把声压分成"级"——声压级，以便能客观地表示声音的强弱，其单位为"分贝"，用 dB 表示。

蝙蝠的武功秘籍

由于蝙蝠昼伏夜出的活动习性和它对阴暗偏僻生活环境的喜爱，导致其在某些文学作品中背负着恶名。其实，蝙蝠并没有那么可怕，相反，它还身怀绝技。

蝙蝠是现今哺乳动物中唯一能够真正飞翔的兽类。蝙蝠除具有一般哺乳动物的特点外，还有一系列适应飞行的形态特征。更重要的是，蝙蝠还有一项独门"武功"——回声定位。最早发现蝙蝠有回声定位能力的科学家是拉扎罗·斯帕拉捷。

● 蝙蝠靠"声音"辨别物体

拉扎罗·斯帕拉捷

意大利著名的博物学家、生理学家和实验生理学家。他在动物血液循环系统、动物消化生理等方面都有深入的研究，他做的蝙蝠实验也为后来超声波的研究奠定了一定的基础。

《 知识小卡片

超声波 一种频率高于 2 万赫兹的声波，方向性好，穿透能力强，易于获得较集中的声能，可用于测距、测速、清洗、焊接、碎石等。超声波因其频率下限大于人的听觉上限而得名。

1793 年夏天，习惯于晚饭后在附近街道散步的斯帕拉捷经常看到很多蝙蝠在夜空中飞来飞去，但从来不会撞到树上或墙壁上。这一现象引起了他的好奇。斯帕拉捷刚开始认为这些小精灵一定长着一双特别敏锐的眼睛。假如它们的眼睛瞎了，就不可能在黑夜中灵巧地躲过各种障碍物、敏捷地捕捉飞蛾了。于是他捕捉到一只蝙蝠，蒙住它的眼睛后再放飞。结果完全出乎他的意料，这只蝙蝠依旧可以灵活飞行。

斯帕拉捷很奇怪：蝙蝠用什么辨别前方的物体呢？难道它们的鼻子能嗅到食物的味道？于是，他又把蝙蝠的鼻子堵住。结果，蝙蝠在空中还是飞得敏捷又灵活。难道它的翅膀不仅能用来飞翔，还能在夜间洞察一切？于是他又捉来几只蝙蝠，用油漆涂满它们的全身，可还是没有影响它们飞行。最后，斯帕拉捷堵住蝙蝠的耳朵，把它们放到夜空中。这次，蝙蝠像无头苍蝇一样在空中东碰西撞，很快就跌落在地上。斯帕拉捷一下子明白了：夜间飞行的蝙蝠是靠听觉来辨别方向、捕捉食物的。

蝙蝠能发出超声波

蝙蝠是怎么做到的呢？

经过研究，人们终于弄清了其中的原理。原来，蝙蝠能发出人耳听不到的声音，这种声音沿直线传播，一碰到物体就能像光线照到镜子上那样反射回来。蝙蝠用耳朵接收这种反射回来的"声音"，就能迅速做出判断。

人们还发现，大多数蝙蝠是利用声带里发出的声音来定位的，但也有些大型的食果蝠（如棕果蝠）是利用舌头发声进行定位的。

蝙蝠发出的神秘声音是超声波，频率大于 2 万赫兹。这种声音人类听不到，所以蝙蝠在夜空中飞行时，我们会觉得它们飞得非常安静，悄无声息。

超声波被广泛应用

蝙蝠的回声定位"武功"给我们带来了很多启发。超声波被广泛应用于生活、工业、医疗、军事等领域。

例如，医院里常用的 B 超系统，就是通过超声波检查胎儿发育情况的。此外，还有超声波清洗技术，通过超声波可以清洗零件、眼镜等。

倒车雷达已经成为大部分汽车的标配，它能通过超声波来检测车旁的障碍物并计算距离。家庭中常用的加湿器，也是利用超声波将水打碎成小水滴，从而达到雾化的效果。

蝙蝠眼睛的作用

蝙蝠拥有回声定位的能力，其眼睛是否就成了摆设呢？

为了适应黑暗中的生活，蝙蝠的眼睛比较小，它们的视力因品种的不同而不同。将成年蝙蝠按照体型分类，主要分为大蝙蝠亚目和小蝙蝠亚目，两者使用不同的感觉模式感知周围环境。一般在白天活动的大蝙蝠视力比较好，小蝙蝠虽然视力不及大蝙蝠，但在有光的环境中，其眼睛也能对飞行起到辅助作用。新的研究结果表明，某些蝙蝠甚至可以看到紫外线。所以，蝙蝠的眼睛还是大有用处的。

雷达产生的是电磁波

很多人认为雷达是根据蝙蝠发明的，但事实并非如此。蝙蝠发出的超声波属于机械波，而雷达产生的是电磁波，二者有本质的不同。所以，雷达的发明与蝙蝠回声定位无关。

总之，当我们面对蝙蝠这种身怀绝技的自然精灵时，应该遵循尊重自然、热爱自然、探索自然的精神，科学、客观地对待它们。对于它们带给我们的启发，我们要科学地去研究、去利用。

听声辨位的水下精灵

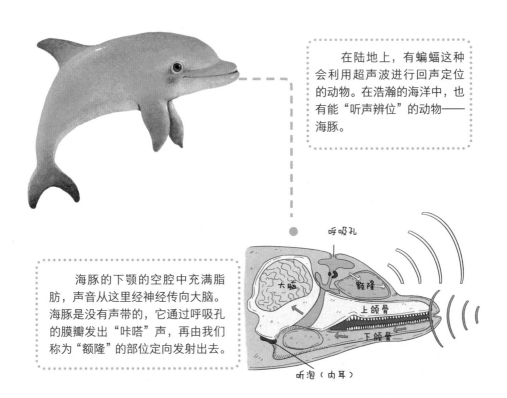

在陆地上，有蝙蝠这种会利用超声波进行回声定位的动物。在浩瀚的海洋中，也有能"听声辨位"的动物——海豚。

海豚的下颚的空腔中充满脂肪，声音从这里经神经传向大脑。海豚是没有声带的，它通过呼吸孔的膜瓣发出"咔嗒"声，再由我们称为"额隆"的部位定向发射出去。

呼吸孔

大脑

额隆

上颌骨

下颌骨

听泡（内耳）

海豚在追踪猎物、避开天敌和障碍物、与同伴交流时，对回声定位的应用十分娴熟。海豚的视力并不好，听觉却十分发达。海豚的听觉不是靠耳朵，而是靠下腭。海豚发声时利用回声定位原理可以探测出百米以外的几厘米宽的物体，这就好比在足球场上发现一个乒乓球。海豚的这种辨识能力是我们人类所望尘莫及的，连最好的军事声呐技术也相形见绌。

据研究表明，目前已发现的海豚语言有几十种，根据功能及声学特征，可将其分为回声定位信号、哨声信号和突发脉冲信号等。

基于以上特点，聪明伶俐的海豚经过训练，能充当人类的助手，帮助我们完成水下侦察、警戒、打捞等任务。

◀/\ 声呐技术

人类利用声波进行水下探测，就是我们常说的声呐技术。

声呐是水声学中最重要、应用最广泛的一种装置。

声呐利用声波在水下的传播特性，通过电声转换和信息处理，完成水下探测和通信任务。声呐已成为各国海军进行水下探测、通信的主要技术手段，可用于对水下目标进行探测、分类、定位和跟踪，还可进行水下通信和导航等。除了军事领域，声呐技术还广泛应用于鱼群探测、海洋石油勘探、船舶导航、水下作业、海底地质地貌的勘测等。

说起声呐的发明，不得不提起"泰坦尼克号"的沉没。

1912年4月10日，号称"世界工业史上的奇迹"的豪华客轮泰坦尼克号开启了它的第一次航行——从英国出发驶向美国纽约。途中，泰坦尼克号客轮因撞上了冰山而沉没，成为震惊世界的海难事故之一。这次意外事故发生后，人们开始重视利用声呐技术进行水下探测，以避免类似的海难发生。

在声呐技术的发展过程中，海豚给了人类许多启发。即使在科技发达的今天，海豚回声定位所具有的精度高、辨识度高、频带宽、抗干扰能力强等卓越特性，仍是人类声呐技术追求和发展的目标。因此，可以说在回声定位方面，海豚一直都是我们的"老师"。

为什么在水下不用电磁波或光波进行探测呢？

原来是因为电磁波在海水中的衰减速度太快，即使用大功率低频的电磁波，也只能传播几十米。而光在水中的穿透能力也非常有限，即使在最清澈的海水中，人们也只能看到十几米到几十米远的物体。而声波在水中的衰减速度就小得多。在深海中，一个几公斤的炸弹爆炸，在两万千米外就能收到信号，低频的声波甚至可以穿透海底几千米的地层，从而获得地层中的信息。所以，对于水中测量和观察，至今还没有发现比声波更有效的手段。

))) 知识小卡片

声呐 全称为声音导航与测距，是一种利用声波在水下的传播特性，通过电声转换和信息处理，完成水下探测和通信任务的电子设备，属于水声学的范畴。

● 声音让水滴悬浮起来

玄幻的声悬浮

仅凭声音就能让一个物体悬浮在空中吗?

这听起来很玄幻。可是,科学家却将想象变成了现实,实现了利用声波让物体悬浮的奇迹,这项技术被称为声悬浮。声悬浮和磁悬浮相比,除不受材料导电与否的限制外,还有更多的应用可能性。

1866 年,德国科学家孔特利用一种叫谐振管的装置,通过声波让灰尘颗粒悬浮。1933 年,波兰物理学家巴克斯利用声辐射压力作用,成功地悬浮起直径为 1 ~ 2 毫米的小水滴。1964 年,美国明尼苏达州立大学的汉森等人建造了一台用于单个液滴动力学行为研究的声悬浮装置。

声悬浮技术的原理

声波的传递过程就是介质振动的过程。声波在气体中传播时,会引起气体分子有规律地振动,并将这种振动依次传递下去。我们知道,当气体静止时,气压是平衡且稳定的,但当声波在其中传递时就会扰动大气压,形成新增的压强,也就是通常所说的声压。我们对声波进行特殊设计,就可以使某些位置的声压朝向特定的方向。当压力的方向稳定向上时,就可以抵消某些微小物体的重力,于是就出现了微小颗粒悬在空中的"声悬浮"

现象。声音在介质中传播形成的声压就像一只无形的"手"，将微小颗粒轻轻托举起来。

古代，人们渴望摆脱重力的束缚，如鸟儿一样在天空自由飞翔，并为此进行了很多次尝试。早在春秋时期就有了风筝的雏形；明朝万户的"飞椅"虽未能将他送上天空，却让他成了世界上第一个想借助火箭推力升空的人。直到莱特兄弟发明了飞机，才让人类真正实现了飞天梦。

如今，热气球、飞艇、飞机，乃至航天器，都成为承载人类飞天梦想的工具。

但这些工具仅仅是人类与重力对抗的一个缩影，人类渴望有一种装置能让人彻底摆脱重力，自在地在空中飘浮。这种渴望不仅仅出现在各种科幻作品中，也是大批科学家一直努力研究悬浮技术的原因。

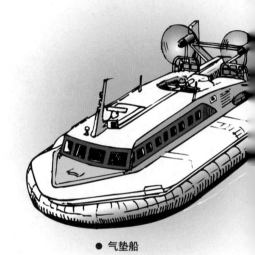

● 气垫船

各种悬浮技术及应用

悬浮技术有很多种，如磁悬浮、静电悬浮、气体悬浮等。

磁悬浮技术是这几种技术中名声最大的，这得益于它较强的悬浮能力和较好的稳定性，所以也是最先被商业化的，如速度惊人的磁悬浮列车。

静电悬浮技术的原理是使物体受到的库仑力抵消重力实现悬浮。库仑力是由物体自身带的电荷在静电场中产生的。这种悬浮方式要求悬浮物的表面积累足够多的电荷，以获得所需的库仑力，正如在头发上摩擦过的一根有机玻璃尺就可以吸引泡沫小球飞起来。

气体悬浮技术，就是借助气流让物体悬浮起来，例如，将乒乓球放在吹风机的气流上，就可以让乒乓球悬浮在空中。气垫船就是利用了气体悬浮原理。

🔊 驻波的"力量"

如何使声压稳定向上呢？这就要借助驻波来实现。

驻波是指沿传输线形成的频率相同、传输方向相反的两种波。这两种波振动相加的点形成波腹，振动相减的点形成波节。在波形上，波节和波腹的位置始终是不变的，但波腹的瞬时值是随时间而改变的，波节的幅值始终为零。

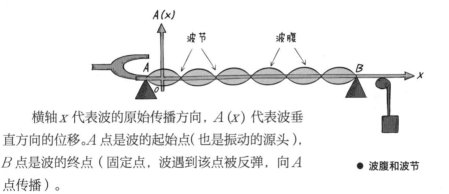

横轴 x 代表波的原始传播方向，$A(x)$ 代表波垂直方向的位移。A 点是波的起始点（也是振动的源头），B 点是波的终点（固定点，波遇到该点被反弹，向 A 点传播）。

● 波腹和波节

在声悬浮系统中，上下相对的频率相同、方向相反的声波相遇后，也会形成驻波。在波节附近的位置，就会形成同一方向稳定的声压，这个压力能持续稳定地抵消物体的重力，于是就形成了一只托举物体的无形的"手"。当然，由于能量有限，这只"手"的托举力量有限，只能托起泡沫小球、小液滴等微小物体。

驻波是自然界中一种十分常见的现象，如乐器发声、树梢震颤等都与驻波有关，常见的弦乐器和管乐器分别利用了弦上的驻波和管中的驻波发声。

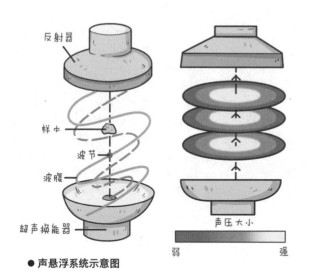

反射器

样本

波节

波腹

超声换能器

声压大小

弱　　　强

● 声悬浮系统示意图

有时候驻波也会给我们带来麻烦，如果室内声学环境设计没有考虑声驻波的影响，就会使室内的声音效果很不均匀。因此对声音环境有较高要求的场所，例如，音乐厅、录音棚等，往往都要考虑声驻波的影响。

声悬浮的优点

与磁悬浮和静电悬浮相比，声悬浮有很多优点。

声悬浮依靠的是介质振动产生的托举力，与材料的电、磁特性无关，所以对悬浮物的材质没有特殊要求。同时，声悬浮由声压产生，悬浮效果比较稳定，容易控制。因此声悬浮在科学研究、工业生产等领域都有广泛的应用，如用声悬浮技术可以模拟空间的无容器状态，让目标材料悬浮在空中，帮助科学家研究材料凝固理论和制作工艺。近年来，声悬浮技术还被用于微剂量生物化学研究。它可以消除容器对分析物的吸附，使分析物保持悬浮状态，这样就排除了容器壁对检测结果的影响。

制药领域往往需要无污染的空间，因此科学家尝试利用声悬浮技术，使化合物飘浮和在空气中旋转，以精准地控制所需的化学药品的量，同时将外部杂质对结果的影响降到最低。

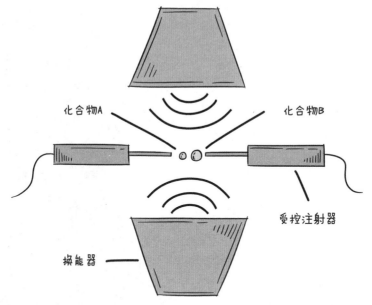

化合物A

化合物B

受控注射器

换能器

● 声悬浮在制药领域应用的示意图

上下两个梯形表示换能器，用来发出超声波。这两组超声波方向相反，频率一致，能形成驻波。

两个长方形表示受控注射器，分别注射不同的化合物液滴。由于液滴悬浮在空中进行反应，可以不受容器的影响，可以自由旋转，所以融合得更充分，过程更精确，且污染少。

声悬浮技术有着广阔的应用前景。未来声悬浮的应用会更广泛，也许真的能成为人类摆脱地球引力的一种手段。

《《知识小卡片

声悬浮 高声强条件下的一种非线性效应，其基本原理是利用声驻波与物体的相互作用产生竖直方向的悬浮力，以克服物体的重力，同时产生水平方向的定位力，将物体固定于声压波节处。

静音飞行大师

　　一双比人眼敏锐上万倍并且能感知微弱光线的眼睛、能够 270 度旋转的脖子、剃刀般锋利的爪子、巨大且轻盈的翅膀，这就是统治夜空的飞行大师——猫头鹰。

　　猫头鹰似乎成了夜空的主宰，令那些小型啮齿类动物闻风丧胆。有时候，动物们还没觉察到危险，就已经成为它爪下的猎物了，比如小老鼠。很多人会有疑问，喜欢在夜间行动的小老鼠听觉也很灵敏，动作也很迅速，怎么会在毫无察觉的情况下束手就擒呢？

　　这就需要说说猫头鹰静音飞行的秘密了。

　　我们认识的大部分鸟类在飞行的过程中，都会产生较大的声响，这主要是由鸟类的羽毛，尤其是翅膀上的羽毛导致的。鸟的飞羽（鸟翼区后缘羽毛）是流线型的结构，边沿平整，排列光滑、紧密，这给了鸟类腾空的助力。但是当空气湍流流过飞羽后沿时，就会产生较大的声响，而且速度越快，声音也就越大。

我们平时看到的圆滚滚的猫头鹰并不是真的肥胖，而是因为它们穿着厚实的、具有消音功能的"羽绒服"。

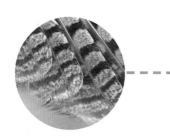

猫头鹰的羽毛结构

　　猫头鹰的翅膀前沿有锯齿一样的结构，而翅膀后沿也不整齐平滑，就像梳子一样。

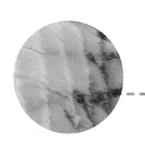

猫头鹰的覆羽

　　猫头鹰的覆羽蓬松柔软，根部的羽丝比其他鸟类的更长，而且在羽丝的末端还有多级分叉的结构，再配合有同样结构的蓬松柔软的绒羽，就能进一步吸收被飞羽打散的气流所产生的声音，以及空气流过身体时所产生的声音。

猫头鹰皮肤表面的微观结构

　　使用显微镜仔细观察猫头鹰的皮肤，会发现它的皮肤表面非常粗糙、凹凸不平，密布着大量的气泡状突起结构。

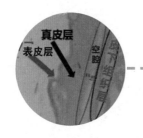

猫头鹰皮下组织的微观结构

　　通过生理解剖实验发现，与鸭子的皮下组织相比，猫头鹰的皮下组织有明显的分层现象，且在真皮层与皮下组织层之间存在一个空腔结构，这样的空腔结构具有共振吸声的效果。

🔊〰️ 猫头鹰静音飞行的秘密

猫头鹰要想称霸夜空，首先需要解决的问题就是消声。它们利用的恰恰是自己的羽毛，准确地说，是特殊的羽毛构造。

根据空气动力学原理，空气在流过不规则的锯齿状羽毛边缘的时候会被打散，这样流过翅膀表面的空气涡流，会被分成细碎的小涡流，从而能大大减少飞行时所产生的噪声。猫头鹰的羽毛结构，给飞机降噪功能的设计带来了很大的启发。

猫头鹰要想捕获猎物，仅减小飞行噪声就可以了吗？这显然是不够的。它们除飞羽结构特殊外，身上的覆羽也和其他鸟类的不同。

猫头鹰能够静音飞行还有另一个法宝——皮肤。

🔊〰️ 吸声材料的原理

在我们的生活中同样有很多地方需要消除噪声，如在录音棚、电影院、音乐厅、飞机机舱、高铁车厢等场所，为了达到更好的声音效果或更安静的环境，我们往往需要减小噪声，同时还要适当减小墙壁对声音的反射。因此，各种吸声材料必不可少。如同猫头鹰的羽毛和皮肤一样，吸声材料凭借自身的多孔性、薄膜作用或共振作用，对接收到的声音具有较好的吸收效果，这类材料在声学科学研究及工程应用中十分常见。根据材料结构的不同，吸声材料可分为多孔、共振、特殊结构等几类，目前多孔吸声材料应用最为广泛。

我们知道声音源于物体的振动，它引起邻近空气振动而形成声波，并在介质中向四周传播。当声音传入吸声材料表面时，一部分声能被反射，一部分穿透材料，还有一部分由于材料的振动或声音在其中传播时与周围介质的摩擦，由声能转化成了热能，使得声波衰减，即声音被材料吸收了。

材料的吸声性能除了与材料本身的结构、厚度及材料的表面特征有关，还和声音的入射方向及频率有关。常见的吸声材料包括：通过表面至内部许多细小的敞开孔道使声波衰减的多孔材料（以吸收中高频声波为主）；

通过对比实验，研究人员发现，猫头鹰皮肤样本的吸声系数明显高于山鸡、鸽子的皮肤样本。正是这种凸凹不平又多空腔的结构让猫头鹰飞行时能够较好地吸收声音，并将声音的振动消耗掉，从而起到非常好的吸声降噪效果。

猫头鹰拥有这么优秀的"外衣"和"内衣"，是不是在飞行时就完全无声了呢？当然没有那么绝对。其实，猫头鹰飞行时是有噪声的，只是它们把产生的噪声频率降到了 1600 赫兹以下。而它们的猎物，如田鼠，能听到的最低频率的声音是 2000 赫兹。所以对于一只田鼠来说，在漆黑的夜里，它很难发现突如其来的猫头鹰。当猫头鹰离它只有几十厘米时，它才能听到微弱的"嗖嗖"声。这时，田鼠想逃跑已经来不及了。

有纤维状聚集组织的各种有机或无机纤维；多孔结构的开孔型泡沫塑料和膨胀珍珠岩制品；靠共振作用吸声的柔性材料（吸收中频声波的闭孔型泡沫塑料）、膜状材料（吸收中低频声波的塑料膜或普通布、帆布、漆布和人造革）、板状材料（吸收低频声波的胶合板、硬质纤维板、石棉水泥板和石膏板）等。任何一种吸声材料都不能吸收所有频率的声音，在实际的工程应用中往往根据不同的需要选择不同的吸声材料。

● 多孔吸声材料

如今吸声材料的应用非常广泛，如居家生活、宇宙空间站等，吸声材料在为人们创造安静环境发挥作用。随着科学技术的不断进步，不久的将来，更高效、更便捷的吸声材料还会不断出现，我们的生活和工作环境也将更加安宁、舒适。

● 特殊结构材料

清洗大师——超声波

🔊 空化现象

　　超声波不是一种人类听不见的声波吗？为什么会有清洗功能呢？

　　原来，超声波的频率非常高，能引起液体的振动。但是，仅依靠这种振动不足以将物体表面的污垢清除，真正起到清洁作用的是由超声波引起的另一个特殊的物理现象——空化现象。

　　超声空化作用形成的空化气泡具有很强的冲击力。可别小看这些气泡，它们的威力可不小。它们在急剧崩裂时可释放出巨大的能量，并产生速度约为110米每秒、有强大冲击力的微射流，使碰撞密度高达1.5千克每平方厘米，瞬间造成局部区域近5000摄氏度的高温和约1800个标准大气压。在这些小气泡的作用下，物体表面的污垢会被轻而易举地清除。不仅如此，就连那些平时很难清除到的死角，也会被清洗得干干净净。

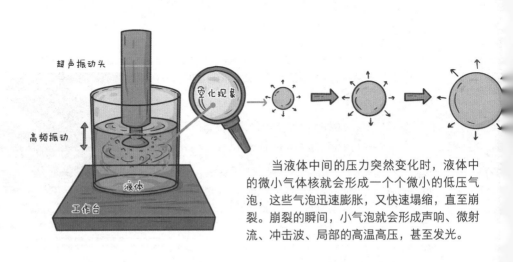

超声振动头　空化现象

高频振动

液体

工作台

当液体中间的压力突然变化时，液体中的微小气体核就会形成一个个微小的低压气泡，这些气泡迅速膨胀，又快速塌缩，直至崩裂。崩裂的瞬间，小气泡就会形成声响、微射流、冲击波、局部的高温高压，甚至发光。

当我们走进眼镜店时，会看见一个小小的机器，店员将眼镜放在机器里面，随着里面液体的振动，眼镜瞬间就变得干净清晰——这个机器就是超声清洗机。

电动牙刷也是利用超声波清洗牙齿的。随着牙刷头的振动，刷牙的人不需要做太多的动作，牙齿就会被刷得干净洁白。

🔊∿ 空化现象的副作用

凡事都有两面性，空化现象带给人们的也不只有好处，它的副作用同样值得我们关注。当螺旋桨在水中高速旋转时，同样会引起空化现象。船只的金属螺旋桨看起来坚不可摧，但在长期、持续的空化气泡冲击下，螺旋桨表面会出现很多细小的坑，久而久之会影响螺旋桨整体结构的强度，甚至可能会造成事故。

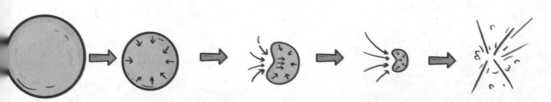

这种气泡就被称为空化气泡，形成空化气泡的现象就是空化现象。当超声波作用于液体时，声压的变化也会引起类似的空化现象。液体中的微小气泡核在超声波的作用下产生振动，当声压达到一定值时，气泡迅速膨胀，然后突然塌缩、崩裂，在气泡崩裂时产生冲击波。这种膨胀、闭合、振荡等一系列的动力学过程称为超声波空化现象。

空化效应的"高手"

其实，懂得利用空化现象的不仅仅是人类，在海洋中也有利用空化效应的"高手"——枪虾。

枪虾（学名为鼓虾）经常利用大螯快速闭合时产生的速度高达 100 千米每小时的水流，形成一种特殊的"气泡子弹"，击晕猎物。这个"气泡子弹"其实就是空化气泡。据说，第二次世界大战期间，英国人使用声呐追踪德国潜艇时，始终受到不明声响的干扰。他们怀疑德国人掌握了什么特殊的技术，以至于在广阔的海洋中随时干扰声呐的正常工作。直到第二次世界大战结束后，一队海洋科考人员在研究枪虾时，才揭开了这个谜团。原来是海底这一群"枪手"集体"开枪"，形成了足以干扰声呐的巨大声响。

● 枪虾

🔊 空化效应的应用

除清洗作用外，超声波还能使两种原本不相溶的液体融合。例如，在超声波的作用下，水和油就可以充分融合,这种现象也被称为超声乳化,

《((知识小卡片

超声波空化效应 存在于液体中的微气核空化泡在声波的作用下振动，当声压达到一定值时发生的生长和崩溃的动力学过程。

被认为是由超声波空化效应引起的。在制药工业及日常用品工业部门，超声乳化常用于制造各种乳化液产品，如乳剂药品、化妆品及鞋油等；利用超声乳化方法还可以制成油（汽油、柴油等）与水或煤粉的乳化燃烧物，以提高单位燃料的燃烧值。在医疗领域，超声波空化效应则被应用于白内障和粉碎结石等的治疗。我们经常听说某人得了肾结石或胆结石，去医院进行的碎石治疗，就是利用超声波技术实现的。

不得不说，我们虽然听不到超声波，但是自从人类认识它之后，超声波也为人类社会的进步与发展提供了许多帮助。想象一下，利用超声波还能做些什么呢？

乳化前

乳化后

超声乳化是指在超声波能量的作用下，使两种（或两种以上）不相溶的液体融合均匀，形成分散物系，其中一种液体均匀分布在另一种液体之中而形成乳状液的工艺过程。超声乳化与一般乳化工艺及设备（如螺旋桨、胶体磨及均化器等）相比，具有乳化质量高，乳化产物稳定和功率小等特点。

声音也能爆

　　走进公园，有时会被挥鞭锻炼的人甩动鞭子时发出的脆响声所吸引。在观看航空飞行表演时，会被飞机起飞时发出的巨响震得想捂耳朵。它们之所以能发出那么响的声音，与一个有趣的物理现象——声爆有关。

　　声爆亦称"轰声"或"音爆"，指飞行器在超音速飞行时产生的冲击波传到地面所形成的爆炸声。

音速

　　音速也叫声速，指声音的速度。

　　声音在空气中传播的速度大约是 340 米每秒。当一个物体在空气中的运动速度超过 340 米每秒时，称为超音速。

　　物体在空气中运动时都会受到阻力，当飞机的速度接近音速时，就会出现阻力剧增、机身剧烈抖动、飞行速度难以提高等情况，一度让人们以为音速是无法逾越的屏障，故称之为音障。

　　声音是以波的形式传播的。当飞机的飞行速度超过声波传播的速度时，就会冲过声波叠加起来的音障，产生一个强烈的冲击波，形成声爆。这时，我们的耳朵就会听到"啪"的爆炸声。

声爆的形成原理

　　如果在平静的湖中投一块石头，水面上立刻会出现一圈一圈的水波，逐渐向四周传播。但是在水面上运动的物体激起的水波就不是这样的。例如，一艘快艇在水中高速前进时，我们看到它激起的水波就不是一圈一圈地向外传，而是从艇前开始，呈一个楔形向外传播。同时，我们可以看到快艇前沿波浪密集，且波浪很大，而快艇后面波浪很小，我们称这种波为楔形水波。这种波随快艇一起前进，波中心的范围始终在楔形之内。

　　声波也有类似的特性。

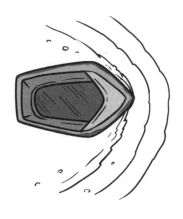

速度慢时波浪稀疏

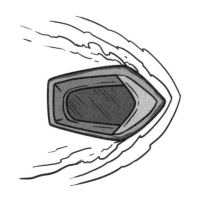

速度快时波浪密集

● 快艇在水中前进示意图

当物体以音速或超音速运动时，声波无法跑到物体的前方，它们就全部叠加在一起，在物体的头部或突出部位形成锥形波。锥形波的波面上聚集了大量的声音能量，这些能量传到人们耳朵里时，会让人感受到短暂而极其强烈的爆炸声。

上临界马赫数

第一次发现声爆现象是在 1947 年，一位美国飞行员驾驶 X-1 型飞机以 1278 千米每小时的速度飞行时，在空中留下了"一团云雾"，并且产生了一声巨响，这是人类第一次突破音障，这位飞行员也是第一个超音速飞行并将声音抛在后面的人。20 世纪 40 年代，力学大师郭永怀先生在国际上首先提出了"上临界马赫数"概念，为航空界突破音障，进行超音速飞行做出了贡献。

当飞机飞行速度增大时，如果上翼面压力最低点的速度等于此点上的音速，则此时飞机的飞行马赫数（速度与音速的比值）称为临界马赫数。

常见的声爆现象

马车夫和甩鞭人的鞭子甩得响其实就属于声爆现象。人们甩动鞭子时，动能从把手传递到鞭梢。而动能是质量与速度平方的乘积，当动能不变，质量变小时，速度就会很大。基于动能守恒原理，由于鞭梢的质量很小，于是就产生了超过声速的甩动，形成了声爆。

声爆让人震撼，但也会对环境造成负面影响。飞机超音速飞行的航线下会形成一个地面声爆污染区，其宽度约为 80 ～ 160 千米，长度从起飞机场的航向后方 160 千米算起，至降落机场的航向前方 160 千米止，在这一范围内可产生 130 分贝左右的噪声。当然声爆的实际强度和污染范围还与飞机飞行的高度、速度、重量和当时的气象条件等有关。由于声爆的压力波是突然到达地面的，所以人们听到的是骤然的巨响。轰声的突然性，会让人们受惊，影响睡眠、交谈、思考等。为了解决这一问题，人们在超音速飞机的设计、制造和控制等方面进行了改进，例如，改善飞机气动外形及关键部件的材料性能，提高飞机的消音器性能等。对于经常生活在声爆发生范围内的人们来说，可以建造隔音好、窗户少的房子来减少声爆的伤害。从事与超音速飞机相关工作的人员都必须戴上耳罩，并做好全身防护。除此之外，限制超音速飞机的飞行，提高超音速飞机的飞行高度，选择远离居民区的航线等措施也可以减少声爆对人体的伤害。

郭永怀

山东人，我国著名力学家、应用数学家、空气动力学家，我国近代力学事业的奠基人。"上临界马赫数"是解释飞机机翼在何种速度下会出现激波的重要参数。在此之前，人们认为超过"下临界马赫数"，机翼周围就会产生激波。郭永怀等人通过研究发现实际上影响激波的是"上临界马赫数"。

知识小卡片

音速 声波在介质中的传播速度，其大小因介质的性质和状态而异。在 1 个标准大气压和 15 摄氏度的条件下，空气中的音速约为 340 米每秒。

超音速 速度超过声音在空气中的传播速度。

声爆 亦称"轰声"或"音爆"，指飞行器在超音速飞行时产生的冲击波传到地面形成的爆炸声。

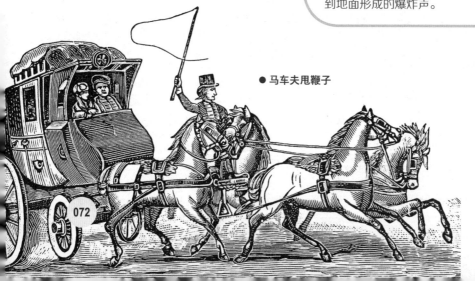
● 马车夫甩鞭子

电磁

关于电和磁

地球是个大磁体，可以让指南针指明方向；电也遍布我们生活的每个角落：书桌上的台灯、卧室里的空调、随身携带的手机和笔记本电脑……

其实，人类对电磁的研究，不过百年的时间。而在这短短的时间里，人类利用电磁改变了世界。

电是什么？磁又是什么？二者之间有着怎样千丝万缕的联系？在看似无形无质的电磁世界里，蕴含着什么样的物理学原理呢？

让我们一起走进电和磁的世界吧！

人类是如何认识电和磁的

古人对电和磁的认识

人类对电和磁的认识可以追溯到遥远的古希腊时期。

公元前 6 世纪，古希腊哲学家泰勒斯注意到，摩擦过的琥珀可以吸引草屑等较轻的物体。不过，当时人们不理解这其中的科学原理，将其解释为物质内在的"灵魂"作祟。泰勒斯将琥珀的这种神奇特性命名为 electricus，翻译成中文就是"像琥珀一样的"，电的英文名称 electric 便来自这个单词。

● 司南

而关于磁，早在先秦时期我们的祖先就已经在劳动生活中认识到了它的存在。那时，人们将磁矿对铁、钴、镍等金属的吸引，看作慈母对子女的吸引。因此，磁石也写作"慈石"。战国时期人们已经懂得利用地球磁场辨别方向了，而且发明了司南，也就是利用磁石打磨成的勺子。司南被认为是指南针的始祖。

当时人们对于电与磁的认识只是基于现象，他们并不理解摩擦过的琥珀是怎么吸引物体的，也不知道司南为什么能辨别方向。

电荷概念的提出

1600 年，英国科学家吉尔伯特对电与磁进行了系统的研究，提出了电荷的概念。所谓电荷就是物质中带电的粒子。后来人们知道了电荷有正负之分，同性相斥，异性相吸。电的本质是运动或者静止的电荷所产生的一系列的现象。例如，静电就是聚集在物体上处于静止状态的电荷；电线中的电流则是电荷沿着电线进行定向移动的结果。

风筝实验

1742 年，美国物理学家富兰克林进行了著名的风筝实验。他利用风筝线引下了天空中的闪电，证明了闪电与摩擦产生的电具有同样的性质。因此人们对电有了更加深刻的认识，燃起了研究电学的热情，并开启了第二次工业革命的大门，让电走进了千家万户。

⚡ 电与磁的转换

在人们最初的认知中，电就是电，磁就是磁。二者虽然相似，但并没有被人们结合在一起研究。真正的"电磁学"诞生于 19 世纪前期，丹麦物理学家奥斯特发现电流可以让小磁针偏转，也就是电可以产生磁。之后，英国物理学家法拉第又发现了电磁感应现象，他发现把磁棒插进线圈的过程中就可以产生电流，也就是磁也可以产生电。

这时人们意识到，电和磁有着千丝万缕的联系，可以相互转换。磁场的本质是由运动的电荷或者电场的变化产生的一种看不见也摸不着，却又实际存在的物质。它可以对进入自己范围的电流或者磁体产生力的作用：吸铁石吸铁，指南针在地球磁场作用下能指方向，都是这种力产生的结果。

> **本杰明·富兰克林**
>
> 美国科学家、物理学家，他曾经开展多项关于电的实验，并且发明了避雷针，最早提出电荷守恒定律。

⚡ 电与磁的应用

如今，电磁学已经彻底改变了我们的生活。

在第二次工业革命中，它催生了电话、电灯等的发明，让人们从蒸汽时代进入了电气时代。电流携带能量，可以照亮房间，也可以驱动电机，让巨大的机械设备运转。而磁则可以通过电磁感应效应产生电，只要有力的推动，我们就可以利用磁体产生源源不断的电能。后来，手机、电脑诞生了，电磁的能力也被进一步扩展了。今天我们使用的所有电子产品都离不开电与磁，如随处可见的电脑需要电信号的传递才能工作；磁带、磁盘或者 U 盘能将磁或者电转化为 0 和 1 的信号进行信息存储；网络依靠电磁波实现信息传输等。

> **《 知识小卡片**
>
> **静电** 一种处于静止状态的电荷。当电荷聚集在某个物体或其表面时就形成了静电。
>
> **电荷** 带正负电的基本粒子称为电荷。带正电的粒子叫正电荷（表示符号为"＋"），带负电的粒子叫负电荷（表示符号为"－"）。

闪电从哪里来

夏季经常会遇到雷雨天气：在乌云的笼罩下，一道道闪电撕裂天空，刹那间将一切照得分外明亮，随之而来的是轰隆隆的雷声。

闪电无疑是自然界最震撼的现象之一。它可以劈开茫茫黑夜，也能击中千年古树或建筑，造成火灾。古人被闪电的力量所震慑，不明白其中的奥秘，只能将其比喻为神明，于是便有了"雷公""电母"的传说。

闪电到底是如何出现在天空中的？我们又该如何避免它带来的灾害呢？

日常生活中最常见的放电现象是火花放电。在寒冷的冬季，如果穿着毛衣活动很长时间后，再用手去触摸金属物体或者其他导体，时常会被静电"眷顾"，感受到针扎般的刺痛感，这是因为毛衣与身体摩擦，在身体上积攒了大量的电荷。当手与导体接触时，这些电荷便会形成电流，进行放电。如果环境足够暗，还可以看到电流产生的火花。

⚡ 放电的过程

闪电是发生在云与云之间、云体内部或云层与大地之间的一种放电现象。放电，就是物体从带电变为不带电的过程。

世界万物都是由原子组成的，原子内有原子核和绕原子核运动的电子，电子带负电，原子核中的质子带正电。一个物体如果携带的正负电荷数量相同，正负电荷相互抵消，物体就表现为中性不带电；如果正负电荷不能相互抵消，物体就表现为带电。一个带电的物体如果想回到不带电的状态，就要通过电荷的转移来实现，即通过与其他物体进行电荷交换，获得或失去一部分电荷，让正负电荷相互抵消，达到平衡状态，这个转移的过程就是放电的过程。

⚡ 闪电形成的原理

闪电形成的原理与放电的过程类似，只不过规模更大。以发生在云层与大地间的闪电为例，由于气流上升，云内部的物质相互摩擦，导致一些云层带上了电荷。通常正电荷在云层的上部，负电荷在云层的下部。当云层下部的负电荷聚集到一定程度后，在静电感应的作用下感应出地表的正电荷，这些正电荷与负电荷相互吸引，当二者跨越空气的隔阂相互接触时，就像在天地之间接通了一根导线一样，瞬间产生强大的电流，发生壮观的放电现象，也就是我们看到的闪电。

⚡ 预防雷击的方法

闪电会在空气中寻找最容易流通的捷径，它通常会奔向聚集了大量电荷的高处的凸起物，例如，高大的树木或建筑。由于空气密度并不均匀，闪电延伸轨迹的长度从百米到数千米不等。目前，人们观测到的最长闪电出现在巴西南部，其水平延伸距离达到 700 多千米，虽说长度惊人，但十分纤细，直径只有几厘米。尽管如此，在漆黑的夜空中，闪电依然会照亮周围的水汽，产生宏大的视觉效果。

闪电的能量是巨大的，其电压高达 100 万 ~ 1 亿伏，瞬间的电流超过 10 万安培，温度在 2 万摄氏度左右。这样的高温会导致周围的空气迅速膨胀，相互挤压，产生巨大的震动和声响。这种震耳欲聋的轰鸣声就是雷声。雷声是闪电的产物，但雷声的出现往往要比闪电慢上几拍，这是因为音速比光速慢，闪电出现时发出的强光几乎瞬间就能到达我们的眼睛，而雷声从空中传到我们的耳朵则需要一点时间。

闪电的破坏力是巨大的。幸运的是，闪电击中人体的概率很低。在世界范围内，每年大约会有 5000 人被闪电击中，其中只有 10% 左右的人会因此死亡。因为闪电的大部分电流流经人体表面后就被导入地下了。

很多建筑物上都安装了避雷针，还有接地的电线，以便让集聚在建筑物上的电荷通过避雷针的顶端及时释放出去，避免引起雷击。

在雷雨天气身处室外时，一定要避免处于空旷的位置，不要让自己成为最容易聚集电荷的制高点，同时也要避免靠近容易遭受雷击的大树或电线杆。由于电荷会聚集在尖端和高处，所以这些地方是闪电攻击的首要目标。如果我们正好身处空旷的野外，可以寻找低洼处蹲下，尽量降低自己的高度。当然，外出活动时，我们要时刻关注天气预报，在雷雨天气尽量避免外出。

虽然闪电看起来很暴力，但它也有好的一面。在闪电落下的同时，空气中的氮气和氧气会在电的作用下生成二氧化氮，二氧化氮溶于雨水中能生成一种天然的氮肥。闪电每年都会制造大量氮肥，为植物生长提供天然肥料。此外，闪电还可以将氧气转化为臭氧，雨后空气特有的味道中，很大一部分就是臭氧带来的。臭氧是一种强大的氧化剂，可以杀灭细菌和霉菌，清新空气。

《《 知识小卡片

放电现象 带电的物体不带电的过程。放电并不是消灭了电荷，而是引起了电荷的转移，正负电荷抵消，使物体不带电。

"御电飞行"的蜘蛛侠

　　1832 年 10 月 31 日，年轻的生物学家达尔文正在小猎犬号军舰上继续自己的发现之旅。

　　忽然，一群小蜘蛛从天而降，把达尔文所在的军舰包围得严严实实。到了晚上，所有的缆绳表面都包裹了一层蛛丝组成的流苏。达尔文感到疑惑不解，小猎犬号军舰距离最近的海岸还有将近 100 千米的距离，这些小蜘蛛是如何跨越大海来到船上的呢？

　　达尔文猜测这些蜘蛛是会飞的：小蜘蛛爬到物体尖端，踮起 8 只小脚，从尾部发射出几根纤细的蛛丝。这些蛛丝在空气中延展排列成扇形，犹如一个降落伞，然后蜘蛛奋力一跃，就被随风飘动的蛛丝带着飞上了天。

蜘蛛"御电飞行"的秘密

　　事实证明达尔文的猜测是对的，而且蜘蛛的飞行能力达到了令人惊叹的程度。

　　科学家们曾经做过一项非常有趣的研究，他们在飞机上装了几个捕虫器，用来捕捉那些生活在高空的昆虫。五年的时间里，科研人员共进行了 1500 多次飞行，在地球上空抓到近三万只生物。这里面除了大家能想象到的苍蝇、蜜蜂等飞虫，还有 1401 只蜘蛛。其中最离谱的是，一只蜘蛛竟然是在距离地面 4500 多米的高空中被发现的。

　　蜘蛛没有翅膀，却能飞到高空中，这种离奇的现象引起了科学家们极大的兴趣。

究竟是什么力量让蜘蛛飞得这么高呢?

人们首先想到的是风力。

蜘蛛抛出的蛛丝像降落伞一样被风托起,带动蜘蛛小小的身体飞向空中,这个解释似乎是合理的,然而真相没那么简单。科学家们发现,在微风甚至完全无风的环境里,蜘蛛同样可以起飞,甚至一些体型大到不可思议的蜘蛛也可以飞起来。

这其中似乎还存在着另一种力,像无形的丝线一样,直接把蜘蛛拉向了天空。而且这种力不依托于风的力量或流动的热气的上浮力。

经过潜心研究,科学家们终于得到了令人震惊的答案——蜘蛛能利用大气电场产生的静电力实现"御电飞行"。

⚡ 大气电场

大气电场,就是一个存在于天空与大地之间的巨大天然电场。每天,地球上都会发生数不清的雷暴和闪电。这些闪电作为桥梁,让天空和大地之间发生电荷的交换,将大地中的正电荷带到空中。于是,天空中得到正电荷的气溶胶呈现带正电,而大地失去正电荷呈现带负电。这样,大气与地表之间便形成了一个无比广阔的电场。在不受雷雨等天气干扰的情况下,这个电场笔直地横亘在大气与地表之间。

由于大气电场的存在,空气中的带电物体也都受静电力的作用。在不考虑重力的情况下,带负电的粒子会被天空中带正电的粒子吸引,而带正电的粒子则会向地面移动。蜘蛛飞行的原理就是让自己的身体和蛛丝充满负电荷,利用静电力来对抗身体的重力,实现飞行。

⚡ 尖端放电

蜘蛛为了得到电荷,会利用大自然"尖端放电"的原理爬上物体的尖端,如爬上枝头或者桅杆的顶端。因为在导体的尖端处电荷密度更大,电场强度更强。蜘蛛爬到物体尖端后可以使身体携带更多的负电荷,这样更容易起飞。当它们从尾部喷出丝线时,带有负电荷的蛛丝在同性相斥的作用下,能够伸展成漂亮的扇形。然后,这只携带了足够多负电荷的蜘蛛就会脱离物体尖端，在大气电场的作用下，稳健而迅速地飞向充满正电荷的天空，成为神奇的"蜘蛛侠"。在蜘蛛飞行途中，风力也起到了一定的帮助作用，微风可以拖动伸展的蛛丝，帮助蜘蛛飞到更高、更远的地方。

蜘蛛腿毛感知电场的能力

　　为了与飞行方式相适应，蜘蛛的腿毛可以感知电场。因为大气电场是波动的，不同的天气，电场强度也不一样，这种感觉器官可以帮助蜘蛛选择更合适的起飞时间。当空气中的电场较强烈时，很多蜘蛛就会蓄势待发，一飞冲天。

　　小小的蜘蛛学会了驾驭电场，拥有了飞天的能力，这对它们的生存至关重要。飞行能力可以帮助蜘蛛躲避敌害，寻找更加合适的生存环境。但对于害怕蜘蛛的人们来说就有点不妙了。你是否有过小蜘蛛从天而降落到头上的经历？无论如何你都想象不到，这只蜘蛛很可能是经历了漫长飞行的"蜘蛛侠"，只是恰巧落在了你的头顶。请不要讨厌或伤害它们，能与一个如此完美的"空中小飞侠"相遇，也是很幸运的。

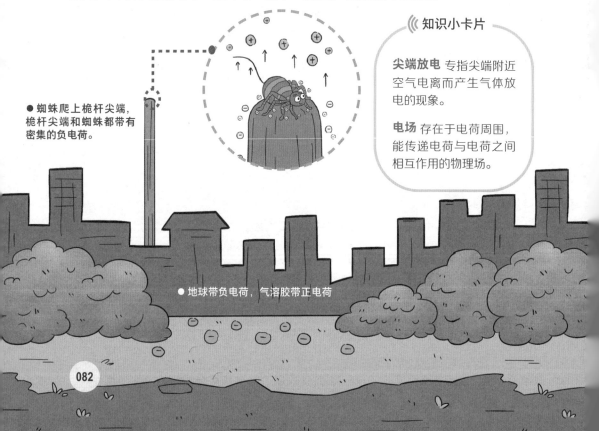

知识小卡片

尖端放电 专指尖端附近空气电离而产生气体放电的现象。

电场 存在于电荷周围，能传递电荷与电荷之间相互作用的物理场。

● 蜘蛛爬上桅杆尖端，桅杆尖端和蜘蛛都带有密集的负电荷。

● 地球带负电荷，气溶胶带正电荷

从手机发烫说超导

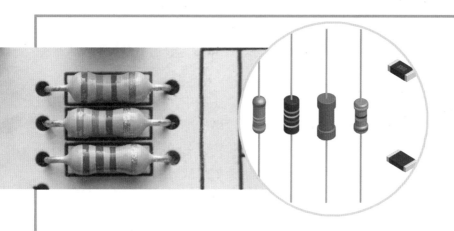

手机工作一段时间后就会发烫。这股莫名其妙的热量从何而来呢？其元凶便是电阻。

电阻

电阻是导体对于电流的阻碍作用。电流是由自由电子的定向运动产生的，但是这种运动并非完全畅通无阻，即使在导电性能良好的金属导体中，电子也会不断与金属原子和阳离子碰撞，这种碰撞每秒都会发生千万亿次。电子如同在马路上前进，它们的面前是密集的"车辆"与"行人"，马路越拥挤，电阻就越大，通行的困难越大，电子就要花费更大的力气通过。因此，电流通过电阻时会消耗掉一部分电能，这部分电能会转化为热能，这便是电流的热效应。所以，在选择电线材料时，尽量选择导电性能好、性价比高的材料。

电流的热效应

电阻消耗电能是一种能源浪费。

这种能源浪费在个人使用的电子产品中似乎并不明显，但是从整个国家，甚至世界范围来看，浪费的能源就是天文数字了。电能在通过电线、变电器等输电设施的时候，由于电阻的存在而被损耗掉了，造成了巨大的浪费。电流的热效应会因过热而引起电路的寿命缩短、损毁，甚至会引发消防安全问题。

不过，电流的热效应也有很多的应用。生活中，许多电器都是靠电流的热效应工作的，如电热水壶、电热毯、鱼缸的加热棒等，这些电器被称为纯电阻电器。它们的原理大同小异，电路的核心就是一个足够大的电阻，依靠电流产生热能，从这个角度来说，电流的热效应给我们的生活带来了许多便利。但是，纯电阻电器毕竟只是一小部分。

 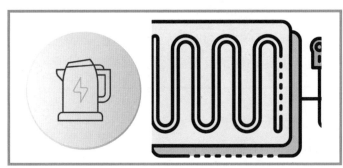

解决电流热效应的办法

解决电流的热效应要从电阻着手。如果有一种材料，它的电阻是 0，就可以让电流毫无阻碍地通过，电流热效应问题自然也就迎刃而解了。这种材料在现实中确实存在，被我们称为超导体。

一般来说，不同的物质有不同的电阻，按照其导电能力的强弱，可分为导体、绝缘体和半导体。导体比较容易导电，如金属，它的电阻较小，电流稍做努力就能通过，其中铜和银的导电性能极为优越，因此被普遍用在各种电子线路中。而不容易导电的物质被称为绝缘体，如橡胶和木头，它们的电阻很大，对电流而言如同一面难以逾越的"高墙"。

介于二者之间的物质被称为半导体，如硅。此外，同样的物质在不同的温度下电阻也不同。对于导体而言，随着温度的降低，电阻通常会逐渐减小，这是因为温度降低后原子的热运动减弱，自由电子与原子碰撞的概率变小了。

⚡ 超级导体

那么，如果我们将一个导体的温度降到很低，会发生什么呢？

1911 年，荷兰物理学家昂内斯做了一个实验，他利用液氮将汞（也就是水银）降到零下 268.95 摄氏度的低温，得到了一个惊人的发现：达到零下 268.95 摄氏度时，汞的电阻竟然变成了 0。0 电阻意味着 0 电能消耗，导体在某一温度下电阻为零的状态，称为超导。

这是人类第一次发现超导现象。此后，人们陆续发现数千种元素和合金也具有类似的性质。这些导体在达到临界温度的时候，突然失去了电阻，变成了超导体。如果将超导材料运用在输电网络上，将大幅减少电能在运输过程中的损耗。

但是，日常生活中为什么很难见到超导的应用呢？这是因为目前我们发现的大多数超导体都不够实用，要想让它们呈现超导状态，对温度的要求很高，临界温度大多低得惊人，需要使用液氮等特殊的手段才能达到。我们的手机不可能放进液氮里使用，更别说万米长的电缆了。

因此，目前科学家们的研究重心是高温超导体，也就是在相对较高的温度，甚至是室温下保持超导性质的超导体。2014年，人类首次在室温下制成了超导体，这是一种由碳、氢和硫组成的化合物，它在15摄氏度时就表现出超导性质，但是要处在267万个大气压下才可以。这样的气压显然不适合日常生活环境。所以，科学家们依旧在不断进行着关于消除电阻的超导研究。

如果有一天，人类真的在常温、常压下制成了超导体，这无疑将带来一次巨大的技术革命，想必那时，我们就可以用到毫无电能损耗的电缆和永不发热的手机了。

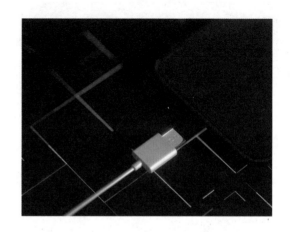

《《知识小卡片

导体 在外电场作用下能很好地传导电流的物体叫作导体。导体之所以能导电，是由于它具有大量的可以自由移动的带电粒子（自由电子、离子等）。

半导体 导电性能介于导体与绝缘体之间的物体，如锗、硅及某些化合物等。可以用来制造各种器件，如半导体二极管、三极管和集成电路等。

绝缘体 不容易导电的物体叫作绝缘体。 绝缘体和导体没有绝对的界限。绝缘体在某些条件下可以转化为导体。

超导体 在一定温度下电阻完全消失的物体。

电磁·从手机发烫说超导

电磁炉里的物理

随着科技的发展，越来越多的新型厨具进入我们的生活。诞生于1957年的电磁炉，就是一种已经普及的厨具，无论是在家里还是在饭店，都可以看到电磁炉的身影。那么，电磁炉中的电是怎么变成"炉火"的呢？如何正确使用电磁炉才不会被烫伤呢？

⚡ 电磁感应

要弄清楚这些问题，我们先来看一下电磁炉的工作原理。

电磁炉是利用磁场感应涡流来加热食物的。磁场让金属锅中产生涡旋电流，电流导致导体发热，从而加热锅里的食物。

由此可见，电磁炉工作的核心原理是电磁感应，也就是电与磁的相互转化。当一个闭合的导体线圈处在一个不断变化的磁场中时，导体中便会产生电流。这一现象由英国物理学家法拉第率先在实验中验证，因此也被称为法拉第电磁感应效应。由此可知，电流可以产生磁场，在某种情况下，磁场也可以转化为电流。

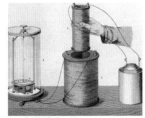

● 电磁感应

⚡ 直流电与交流电的差异

日常生活中使用的电可以分为两种：直流电和交流电，它们都通过移动的电荷形成，但电荷移动及产生的方式不同。

直流电比较好理解，我们平时使用的干电池及手机和计算机中使用的锂电池产生的电都是直流电。这些电池有正负极之分，通过化学方式产生电动势，进而形成源源不断的电流。直流电的电压恒定不变。在直流电路中，电荷总是从电池的正极流向电池的负极，就像一条永远向低处流淌的河流，当它们经过电器时，便会像推动水车那样让其运转。

交流电则完全不同，它没有正负极之分，电荷也不是一直向一个方向移动的。交流电的电压是不断变化的，它所产生的电流大小和方向呈周期性变化。日常从电源插座中获取的电一般都是220伏的交流电，看似很稳定，实际上，其电压却在 -310 ~ 310 伏之间发生周期性变化。电压变化速度极快，每秒约

50 次。所以说，220 伏其实是综合的有效电压值。

直流电和交流电有各自的优势，可以应用在不同领域。相比之下，直流电没有周期性的电压变动，因而更加稳定，在含有半导体的精密电路中都使用直流电作为电源，这就是手机、计算机等的电源都是直流电源的原因。交流电普遍应用于大规模的电网运输，因为大部分发电机产生交流电要比产生直流电容易得多，交流电的电压更容易通过变压器进行调节，因此，在大规模的传输及家用电器等应用场景中，交流电更有优势。

涡流效应

电磁炉本身是不发热的。它是通过高频交流电产生的瞬息万变的磁场，让锅自身直接发热。因此当没有锅在电磁炉表面的时候，即使直接接触电磁炉也不会被烫伤。

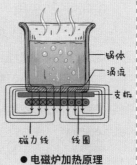

在电磁炉的电路中，从插座流入的 50 赫兹交流电先被转化为直流电，平稳通过内部电路之后，再由一个电压谐振变换器把电流变成频率更高的交流电，电磁炉中的高频交流电的频率为 2 万 ~4 万赫兹。电磁炉表面是一层耐热的陶瓷材料，下面有一排线圈。这种每秒变化上万次的电流通过线圈时，会产生一个每秒变化上万次的磁场。根据电磁感应效应，磁场在锅底产生巨大的涡流，被称为涡流效应，涡流效应使锅中的金属分子高速旋转且碰撞，产生热能，从而将锅内食物加热。

● 电磁炉加热原理

电磁炉上面必须放导磁性能良好的铁锅，而砂锅、铝锅等材质的厨具是无法用电磁炉加热的。

电磁熔炉也利用了类似的原理，一般将金属放到陶瓷坩埚中，以高频交流电产生的涡流让金属加热至熔点，从而进行冶炼和锻造。使用这种冶炼技术，不需要直接接触就可以对金属进行加热，效率很高，也更容易控制。

涡流效应虽然应用广泛，但也有一定的危害，如在变压器等输电系统上同样会出现涡流效应，此时产生的电流漩涡会产生热，将电能转化为热能，这种转换属于纯粹的浪费，有时甚至会因为高温导致线路损坏。

合理利用各种物理现象，可以大大改善我们的生活。

科幻电影里的电磁炮

你是否在科幻电影或小说中见过一种特别厉害的武器——电磁炮？这些电磁炮大多有着夸张的尺寸和炫酷的造型，蓄力时裹挟在噼里啪啦的电光和嘶嘶作响的电流声中，然后随着一声轰然巨响，便以摧枯拉朽之势将敌军的装甲撕得粉碎。

随着科技的发展，一些科幻场景早已变为了现实，电磁炮也正在成为一种越来越重要的新型武器。

电磁炮的发射原理

现实中的电磁炮是什么样子的呢？这一切还要从电磁炮的发射原理说起。

电磁炮，顾名思义，是依靠电磁力发射的一种炮型动能武器。作为动能武器，其本质和传统枪炮一样，都是依靠高速飞行的子弹或者炮弹所携带的巨大动能对目标进行冲击，以达到杀伤的目的。电磁炮之所以独特，是因为它具有与众不同的发射方式。传统的枪炮以炮筒内的火药作为发射动力，点火后，火药爆炸会产生推进力将炮弹射出，炮弹撞击目标后引爆弹头，对敌方造成伤害。而电磁炮不需要火药，它依靠的是看不见、摸不着的磁场力量。

目前主流的电磁炮包括线圈炮、轨道炮两种，它们的发射原理不同。

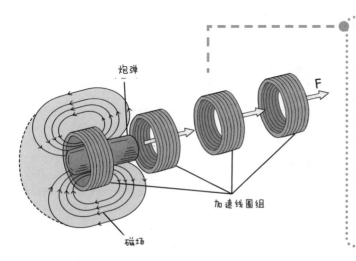

炮弹

加速线圈组

磁场

线圈炮的发射原理

线圈炮的原理是电流的磁效应。在通电的线圈中会产生一个垂直于线圈的磁场，利用磁场可以给炮弹加速。如果用一个通电的线圈作为炮筒，用一个磁性物体作为炮弹，将这个炮弹放入炮筒中，它便会因为受到线圈内部磁场持续的作用力而加速。等这个炮弹到达线圈的中段时再将电流断开，炮弹便会因为惯性射出，这就是线圈炮的发射基本原理。

⚡ 电磁炮的优势

相比于普通的火炮,电磁炮的优势在哪里呢?

首先,相比于传统火炮瞬间爆炸式的推进方式,电磁炮的炮弹可以在磁场的作用下得到更持久的加速度,因而电磁炮的炮弹可以达到传统火炮难以比拟的高速度。

此外,电磁炮只是一根高速飞行的实心金属棒,体积小、速度快,本身又不发热,想对它进行空中拦截是十分困难的。这一特性让它成为十分可怕的远距离"刺客"。由于电磁炮不需要装载火药,炮弹的体积和重量都较小,因而作战时,部队可以携带更多弹药。另一方面,因为不使用火药,所以大大减少了炮弹发射过程中产生的烟雾和火焰,让敌方更难察觉,让攻击更加出其不意。

电磁炮有很多优势,极有可能在军事科技的发展过程中逐渐取代火炮。我国在电磁炮领域处于领先地位,率先将电磁炮装载在舰艇上,开展实验测试工作。在不久的将来,更多存在于科幻作品中的武器,将成为保家卫国的剑与盾,时刻守护着我们的每一寸国土和海域。

》 知识小卡片

磁场 传递实物间磁力作用的场。

安培力 通电导线在磁场中受到的作用力,由法国物理学家安培首先通过实验确定。

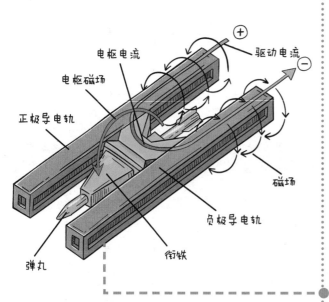

正极导电轨 · 电枢电流 · 电枢磁场 · 驱动电流 + · − · 磁场 · 负极导电轨 · 衔铁 · 弹丸

轨道炮的发射原理

轨道炮的炮弹不具有磁性,而是垂直地放在两条平行的轨道(称为导轨)上。当给导轨通电时,导线、两条轨道和炮弹本身构成了一个闭合回路,且由于电流的磁效应产生了磁场。

早在 19 世纪,法国物理学家安培就通过实验确认,通电的导体会在磁场中受到作用力,这种力被称为安培力。由于安培力的存在,通电的炮弹在磁场中不断被加速,最终完成发射。为了达到足以击溃目标的速度,轨道炮中会通过巨大的电流,产生足以使金属熔化成等离子状态的高温。因此,轨道炮的炮弹通常被导电的金属外壳包裹着,炮弹的核心往往不导电,这样可以避免在发射过程中炮弹被损耗殆尽。因此,轨道炮虽然不是使用火药推进的,但在发射时,人类依然可以看到浓烟和火光,那是在高温下熔化的金属外壳。

"御磁飞行"的列车

对于"悬浮"，人类一直有一种执念。从小说里御剑飞行的道长到电影里飘在空中的交通工具，可以看出，人类总是对于"悬浮前行"有着强烈的向往和期盼。目前最能满足这种期盼的交通工具，一定是磁悬浮列车了。

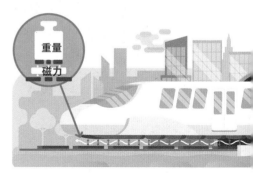

如果你坐过磁悬浮列车，一定会被其高速、安静又平稳的特性所震撼，这便是磁悬浮技术的魅力所在。你或许会奇怪，如此庞大的列车究竟是如何浮起来的呢？又是如何在既没有轮子又没有引擎的情况下做到风驰电掣的呢？

磁悬浮技术

所谓磁悬浮技术，其实就是利用磁力让物体克服重力达到悬浮的效果。我们知道，磁铁有 N 极和 S 极，而且具有"同极相斥，异极相吸"的特点。磁悬浮就是利用这个原理实现的。这听起来简单，但要想应用在庞大的列车上却并不容易。1922 年，德国工程师赫尔曼提出了磁悬浮的原理与概念，并在 1934 年申请了磁悬浮列车的专利。但是，直到 1971 年，德国才研发出第一辆磁悬浮列车。磁悬浮列车必须克服两个工程学难题。

磁悬浮列车面临的第一个难题

首先，如何才能让整辆列车安全、平稳地浮起来。

我们知道，每一辆列车都有数百吨重，而且要载很多的乘客，想把列车稳稳当当地托起来，然后使其稳稳当当地走完旅程，再稳稳当当地停靠下来，这绝非易事。

按照磁悬浮原理，可将目前世界上的磁悬浮列车分为常导磁悬浮列车和超导磁悬浮列车两种。

常导磁悬浮列车最早由德国研制，这类列车没有轮子，取而代之的是列车下方伸出的两条"手臂"，这双"手臂"抱住工字形的铁轨，可以保

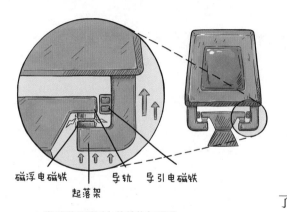

磁浮电磁铁　　　导轨　导引电磁铁
　　起落架

● 常导磁悬浮列车的结构与原理

证列车的稳定，防止脱轨，这也是悬浮的秘密所在。在位于铁轨下方的手臂处安装着一排排线圈，给这些线圈通电时，由于电流的磁效应，金属线圈中就会产生磁场，此时它就变成了一块电磁铁，可以产生强大的磁力，将列车的手臂吸向处于列车"怀中"的铁轨。这样一来，整辆列车就获得了一个向上的力，实现了悬浮。而位于"手臂"两侧的电磁铁则可以帮助列车转弯，保持列车稳定，这样列车在上、下、左、右四个方向上都不会与铁轨接触，便可以稳稳地悬浮在距离轨道上方10毫米左右处，避免因轨道摩擦带来的迟滞。

上海磁悬浮列车是我国最早的磁悬浮列车，也是世界上最早投入商业运营的磁悬浮列车，它采用的便是这种常导磁悬浮系统。

超导磁悬浮列车的原理则有所不同，它所使用的电磁铁并非普通的电磁铁，而是超导电磁铁。这些磁铁中的线圈由低温超导体制成，被置于循环的液氮中，温度时刻保持着零下196摄氏度，使其处于超导状态。由于超导体的性质，它们的电阻可以被认为是零，只需要事先充电，就可以在超导线圈中形成强大且持久的电流，此时的超导线圈就成为一个强大的超导电磁铁。而在轨道两侧安装了大量的8字形线圈，由于电磁感应效应的存在，在列车运行过程中，超导体的磁场会在这些线圈中产生感应电流，进而把它们也变成一个个电磁铁，这些电磁铁与车上的超导电磁铁相互排斥，形成一个向上的斥力，将列车抬起，列车跑得越快，这个斥力就越大，

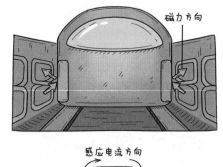

磁力方向

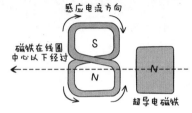

感应电流方向

磁铁在线圈
中心以下经过

超导电磁铁

● 超导磁悬浮列车的结构与原理

列车最高可以被抬起约 100 毫米。

当然，这也就意味着，如果超导磁悬浮列车一动不动的话，是完全浮不起来的。所以和常导磁悬浮列车不同，超导磁悬浮列车是有轮子的，它们得先跑到一定速度才能悬浮起来，然后把轮子收起来。日本的 JR 磁悬浮列车就是超导磁悬浮列车的代表之一。

磁悬浮列车面临的第二个难题

浮起来之后，就面临第二个难题，如何才能在漂浮的状态下继续前进？

列车已经"双脚离地"，自然就不能继续仰仗轮子和传统发动机前进了，此时就需要一种新的方式给列车提供动力，推动它前行。解决方法依旧是磁力。沿着磁悬浮列车的轨道铺设一排线圈，通电之后，它们会变成交替排列的带有 N 极和 S 极的电磁铁，它们与列车上同样交替排列的磁铁相互作用，根据"同极相斥，异极相吸"的规律不断变换，连推带拉，让列车奔向前方。

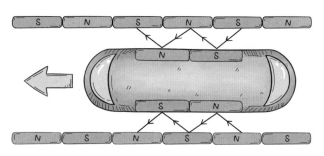

● 磁悬浮列车前进的原理

仰仗着悬浮的特性和出众的动力系统，磁悬浮列车有常规陆地交通工具难以比拟的速度。2019 年在青岛下线的高速磁悬浮列车，时速可达600 千米，我国自主研发制造的世界首辆高温超导高速磁悬浮工程化样车的设计时速为 630 千米，有望创造大气环境下的陆地交通新纪录。除此之外，磁悬浮列车摒弃了传统陆地交通中来自地面的摩擦阻力和碰撞，运行更为平稳和安静。如果技术允许，我们甚至可以建设一条真空管道，让磁悬浮列车在管道里飞驰，这就相当于，制约磁悬浮列车的唯一阻力来源——空气也消失了，那么，磁悬浮列车的速度无疑还会继续攀升，甚至可以与天上的飞机一较高下。

> **知识小卡片**
>
> **磁悬浮** 利用磁力克服重力使物体悬浮的一种技术。

象鼻鱼的"电场领域"

夜幕降临，一条奇形怪状的象鼻鱼正在黑暗的水中觅食。它的嘴巴很长，如同大象的鼻子，只见它用长长的嘴巴左碰碰、右碰碰，精确地将藏匿在泥沙间的小虫一只一只地吞入口中，连看都不看，就好像早已知道对方藏身的位置一样。

● 象鼻鱼

螳螂捕蝉，黄雀在后。这时一条大鱼凭着嗅觉发现了象鼻鱼，这条大鱼以为在如此黑暗的水中，自己绝不会被象鼻鱼发现。然而，它还没游几下，象鼻鱼就像得到了警报一样，朝着相反的方向急匆匆地逃走了，只留下气急败坏的大鱼，完全搞不懂自己是如何被发现的。

象鼻鱼之所以能及时逃脱，是因为它有一种神奇的特异功能，可以在黑暗的水中来去自如，不但可以轻松地躲避障碍物，还能精准地锁定猎物和敌人。无论目标来自何方，是否在视野范围内，它总能感知到，就像一个未卜先知的预言家一样，从不失手。它是如何做到的呢？

实际上，象鼻鱼敏锐的"直觉"来自其对电场的巧妙利用。

⚡ 电场畸变

电场是在电荷或者变化的磁场周围形成的一种特殊的物质。电场并非由分子或者原子组成的，电场看不见也摸不着，但却可以对物理世界产生切实的影响。所有被放入电场中的电荷都会受到电场力的作用，可以在电场中运动。在这个过程中，电场就像一只无形的手，对带电物体施加力。

反过来说，被放入电场中的物体，也可以对电场本身产生影响。在均匀的导体中，电场的分布是相对均匀的。但是，如果在电场中放一个导电性很强的物体，就会导致局部的电场强度上升；反之，放入一个绝缘体，则会导致电场强度降低。这种现象被称为电场畸变。

象鼻鱼的特异功能

象鼻鱼的特异功能就是利用了电场畸变的原理。象鼻鱼的尾部有特殊发电器官，可以发射电脉冲。这种电脉冲十分微弱，无法像电鳗那样产生杀伤性的电击效果，却可以通过水进行传导，从而在象鼻鱼身体的周围形成一个电场分布，像是一团云雾将象鼻鱼包裹起来一样。而在象鼻鱼的皮肤上又分布着密集的电感受器细胞，这些电感受器细胞可以对皮肤表面的电压进行实时监控，从而掌握电场各个部位的电场强度。

当不同形状、大小、距离和导电性能的物体进入这个电场区域时，就会发生不同的电场畸变。这种畸变能被象鼻鱼的皮肤感受到，从而帮助象鼻鱼判断来者的身份。

导电性较差的石块、木头等会被象鼻鱼视作障碍物。而导电性较好的物体很有可能是活物，较小的可能是猎物，较大的可能是天敌。这些信息以电压的形式呈现在象鼻鱼的皮肤上，让它不需要视力也能够直观地感知电场领域内的每一丝风吹草动，从而选择最佳的对策，这就是象鼻鱼御敌的秘密。

象鼻鱼拥有自己的电场领域，可以感受来自四面八方的"杀气"。是不是人也可以利用类似的原理，隔空感受别人的"气息"呢？目前来看好像不太可能。尽管所有生物都可以产生微弱的生物电，在我们的神经系统中，每一次行动也都是以电信号的形式进行传递的，神经元之间的电信号造就了我们的万千思绪，我们机体的一举一动都离不开电信号的传递。可惜这种生物电实在太微弱了，无法在我们身体周围形成稳定的电场。人类皮肤上也没有象鼻鱼那样的电感受器来监测电场的变化。

象鼻鱼的特异功能带给人类很多启示，科学家们利用电场畸变原理研发了新的传感器，这种传感器能够在黑暗环境中获得物体的"电子图像"，可以应用于水下目标探测等多个领域，让人类的感官得以延伸，从不同的角度更多地认识这个世界。

知识小卡片

生物电 生物体神经活动和肌肉运动时所显示的电现象，表现为微弱的电流和电势变化。心电图、脑电图检测就是利用生物电来检查身体的。

高压线上的鸟儿

我们都知道，如果人触及高压电线是极其危险的。所以在许多架设高压电线的电线杆上，总挂着"高压，危险！"或者"高压线，切勿接近！"的牌子。人们看到这样的警示牌，总会情不自禁地抬头看看电线杆顶上，可是这一看，却看出问题来了：电线上站着一对燕子，它们悠闲自得，叽叽喳喳地叫着，根本不理睬电线杆上挂的那块警示牌。

为什么燕子不怕高压电流呢？

为了解释这个问题，我们先来了解一下导体和绝缘体。

高压电警示牌

●燕子站在高压线上

导体和绝缘体

前文已提到，金属材料，如金、银、铜、铝、铁等，对电流的阻力很小，电流很容易通过它们，这类材料就是导体。导体之所以容易导电，是因为导体中有能够自由移动的电子。在一般状态下，这些自由电子总是杂乱无章地运动着。接通电源后，自由电子就会向着一个方向移动而形成电流，所以说导体可以导电。

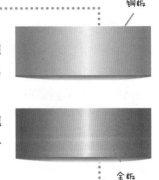

铜板

金板

非金属材料，如玻璃、橡胶、陶瓷、塑料、云母、空气等，对电流的阻力很大，电流不能轻易地通过它们，这类材料就是绝缘体。绝缘体之所以不容易导电，是因为在这种材料中，全部电子几乎都被束缚在原子或分子中，不能自由移动。

⚡ 电流形成的条件

导体能把电子从一个地方转移到另一个地方，电子沿着一定方向移动，就形成了电流。有了电流，电才能被我们充分利用。那么，形成电流需要什么条件呢？

为了说明问题，我们先来做个模拟实验。

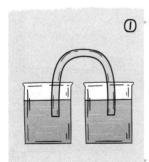

在两个同样大小的玻璃杯中都盛半杯水。拿一根长约 50 厘米的软塑料管，向管里灌满水，用手指堵住两端的管口，然后把管的两端分别放进两个玻璃杯里。你会发现，两个杯子里的水静止不动。

如果把左边的玻璃杯放高一些，你将会看到，左边玻璃杯里的水逐渐减少，右边玻璃杯里的水逐渐增多。要是把左边的玻璃杯放下，把右边的玻璃杯拿高一些，水又往回流了。

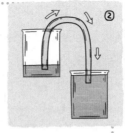
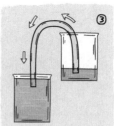

这个实验告诉我们，水流动有一定的前提条件：水；水位高低落差产生的水压；水路畅通。如果水路不通（如把塑料管中间夹住），无论你把玻璃杯举得多高，都不能形成水流。

电流产生的条件与水流类似：电子；导线两端高低不同的电位形成的电位差（即电压）；电路通畅。三个条件缺一不可。

就像电荷分正负一样，电线也分火线和零线。看看家中所有的家用电器，你就会发现连接电器的导线至少是两根。这两根导线分别接零线和火线。对于功率较大的电器，例如电冰箱、微波炉和计算机，在零线和火线之外通常还要接一根线，这根线叫作地线，一般接在电器的机壳上，用来导出多余的静电荷，以保证安全。

在中国，民用电压是 220 伏，也就是说，零线和火线之间的电压是220 伏。如果是几万伏的高压线，那么电线与地面之间的电压是几万伏，也意味着火线与零线之间的电压是几万伏。

鸟儿不怕高压线的原因

对人造成损伤的是电流。根据欧姆定律，产生足够大的电流要满足两个条件：第一，电阻要足够小；第二，电压要足够大。人体表皮的电阻较大，而体内的电阻很小。220伏的电压可以击破表皮，对人体来说是非常危险的。如果只接触一根电线，身体的其他部分与大地之间是绝缘的，一般来讲不会形成电流，也就不会有生命危险。但是，如果我们以任何形式接触到了高压线，由于我们的身体与大地相连，高压线与地面间的电压极大，身体就成了高压线与大地之间的"导线"，强大的电流会穿过我们的身体，即使我们穿着绝缘性能良好的鞋，高压电的能量也足够击穿它，从而到达地面。如果出现这种情

况，人就会有生命危险。如果同时接触零线、火线两条电线，那就更危险了。

　　小鸟只接触了一根电线，而且它距离大地非常远，不会成为高压线与大地间的"导线"，所以它们不会触电。

　　当然，站在电线上的鸟身上也有电流通过。当它站在电线上的时候，它的两脚之间有一定的距离，所以，可以把它和它脚下的那段电线看作两个并联在一起的电阻。但是，与那一小段电线的电阻相比，鸟身上的电阻非常大。根据并联电路分流的原理，虽然鸟的身体上有电流流过，但是这个电流非常小，不会对鸟造成伤害。

　　有时也会出现这种情况，即鸟在与蛇搏斗的时候，把蛇引到了空中，蛇刚好掉在高压线上，这就十分危险了。蛇的身体较长，掉到高压线上时常会将零线、火线连在一起，这样不但蛇会触电死亡，而且还会造成短路，引发火灾。乌鸦和喜鹊等鸟类喜欢在电线杆上筑巢，同样也是十分危险的，很容易造成短路。

　　所以，我们出行时要尽量远离高压线，而且千万不要用长杆等物体去触碰高压线上的鸟。

● 一对燕子站在高压线上

知识小卡片

电压　静电场或电路中两点间的电势差（电位差）。单位为伏特，简称伏，用符号 V 表示。

电阻　导体对电流阻碍作用的大小称为电阻，用字母 R 来表示。在国际单位制中，电阻的单位是欧姆，简称欧，用符号 Ω 表示。

● 鸟站在电线上，
大电流通过电线，小电流通过鸟的身体

处处有"理"

从古至今，山变成了海，海又变成了洋，岩石变成了黏土，有用之物变成了废渣，而废物又变成了宝……这一切都源于物质的变化。

我们只要对日常的所见所闻多问一句为什么，就已经不知不觉走在探求事物真相的路上了，而这正是人类自古以来孜孜不倦的追求。

徒手可否接子弹

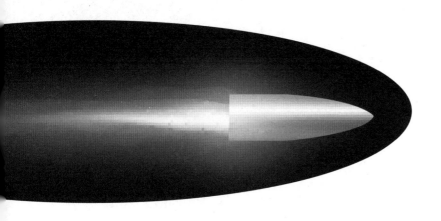

　　电影中，我们看到英雄面对枪林弹雨时气定神闲，接住飞来的子弹就像抓住一只飞虫一般轻松。即使画面不配上"危险动作，请勿模仿"的字幕，想必在现实生活中，人们也不会真的试图去抓一枚子弹。

　　虽然一枚普通子弹的质量只有 10 克左右，但是，枪械中的火药赋予了它惊人的初速度。子弹出膛瞬间的初速度可以超过音速，而有的步枪子弹的速度甚至达到了音速的两倍以上，约 800 米每秒；某些狙击步枪为了追求极大的破坏力和更远的射程，初速度可以达到 1000 米每秒以上。

　　子弹的威力正是来自速度。

　　物体在运动过程中携带了动能，质量越大、速度越快的物体所携带的动能也越大。因此，高速运动的子弹具有巨大的动能，在击中目标的瞬间，这些能量伴随着子弹减速而释放出去，对目标产生极大的破坏力。一个人要想赤手空拳接住高速运动的子弹，无异于以卵击石。

飞行员徒手抓子弹

● 子弹从飞行员身边飞过，飞行员抓住子弹

在现实世界中，这样的事情真的发生过。完成这一壮举的并非是超人或功夫高手，而是一位普通人。

第一次世界大战期间，一位法国的飞行员在 2000 米的高空中执行任务，他忽然发现在自己脸旁有一个小小的物体在飞行，以为那是一只小飞虫，便眼疾手快地一把抓住了它。当他张开手掌时，却惊奇地发现那是一枚敌军射出的子弹。

这是怎么回事呢？

原因依旧是速度。速度是一个相对的概念，对于不同的参照物，物体的速度可能是不同的。对于地面上静止的人而言，子弹无疑是高速运动的物体。但是飞行员所驾驶的飞机也处在高速运动中，飞机的速度甚至可以与子弹相当。敌军发射出的子弹在追上飞机的过程中会逐渐减速，最终与飞机并驾齐驱。此时，两个同向飞行的物体的速度基本相同，虽然在地面的观察者看来，二者都在高速运动，但对于驾驶舱中的飞行员而言，他与子弹都处于相对静止的状态。

所以，此时飞行员眼中的子弹的速度几乎为 0，像是一只迟钝的飞虫。失去速度优势的子弹不过是一枚十余克重的铜粒，它飘浮在空中毫无杀伤力，飞行员接住它就如同探囊取物。

速度太快的坏处

有时候，速度太快了也不一定是好事。

在美国海军中就曾经发生过一起离奇的事故。在一次飞行中，飞行员被指派去测试战斗机在高速度下发射炮弹的性能。他在俯冲中顺利地完成了一连串的发射，但是，在他准备拉平飞机结束任务的时候，离奇的事情发生了。随着一阵剧烈的震动，飞机好像被什么击中了，前挡风玻璃内凹，

发动机也被撞出一道大口子。飞行员驾驶飞机摇摇晃晃地尝试着陆,但遭受重创的飞机失去了动力,最终坠毁在林地之中,飞行员被人从起火的飞机残骸中抬出。所幸坠毁时飞机已经距离地面很近了,飞行员虽然身受重伤却并无性命危险。

这场事故究竟是怎么发生的呢?

经过调查,人们发现,击毁这架战机的竟然是它自己发出的炮弹。战机发射的炮弹在重力的影响下呈抛物线前进,最开始炮弹的速度比飞机快,但是在空气摩擦阻力的作用下,这些炮弹的速度逐渐变小,飞得越来越慢。而飞机却没有减速,很快追上了炮弹。于是便发生了意外:正在俯冲的飞机迎头撞上了刚刚发射出去的炮弹。

其实这架飞机算是幸运的,虽然它追上了炮弹,但二者是同向运动,并没有产生特别大的相对速度。如果此时战机直接撞上一枚迎面飞来的炮弹,后果将不堪设想。

> 《 知识小卡片
>
> **相对静止** 两个物体同向同速运动,两者相互以对方为参照物,位置没有发生变化。如乘坐电梯时,把电梯看作参照物,人相对电梯而言是静止的。
>
> **相对速度** 不以地面为参照物(如空气)所测量的速度。如甲、乙两辆列车以相同的速度同向行驶,则甲车相对乙车的速度和乙车相对甲车的速度都等于零。

热的旅行

将一把金属勺子放在热汤里，不一会儿，勺子就会变热；把一块冰放在常温下，冰会逐渐融化，这是因为周围的一些热量被冰吸收了。热是出色的旅行家，可以穿山过海、钻天入地，并且总是由高温物体"跑"向低温物体。由于温度差是普遍存在的，所以热的旅行也总是在不停息地进行着。

热的传导

热的旅行方式分为三种。第一种旅行方式最常见，叫作热的传导。

我们在烙饼的时候，火并没有直接与饼接触，可是不一会儿饼就熟了，这是因为热通过煎锅传到了饼上；把铁棍的一端插在火炉里，过一会儿铁棍的另一端也会发热，这是因为热从铁棍较热的一端传到了较冷的一端。热从一个物体中温度较高的部分传到温度较低的部分或从温度较高的物体直接传到温度较低的物体的方式，叫作热的传导。这是热最直接、最简单的旅行方式，不只能在固体中进行，也能在液体和气体中进行。

热的传导旅行有时是坦途大路，有时是崎岖山路。在铁棍的例子中，热的旅行就进行得很顺利，而把一根木棍插到火炉里，即使木棍的一头燃烧起来，木棍的另一头也不会发热，这说明热在某些材料中的传导旅行是很困难的。

看来不同的物体对热有"亲"有"疏"，"亲"热的物体，可以顺利地让热通过，这样的物体叫作热的良导体；"疏"热的物体，不易让热通过，好像跟热没有"缘分"，所以被叫作热的绝缘体或不良导体。例如，金、银、铜、铝、铁等各种金属材料，都是热的良导体，而竹、木、石棉、塑料、棉花等非金属材料，都是热的不良导体，液体（除水银外）和气体也是热的不良导体。

● 热传导

● 热辐射

● 热对流

🏛 热的对流

热的第二种旅行方式是热的对流。

我们知道，除水银外，多数液体是热的不良导体，那为什么把水壶放在火炉上，过不了多久壶里的水就烧开了呢？

原来在烧水的过程中，热先通过壶底传给壶底的水，壶底的水受热后发生膨胀，体积增大，密度减小，就会上升；上面的水没有受热，密度较大，就会下沉，这就形成了水的上下流动，壶底的热量就散布开来，当水达到沸点时，水就开了。这种靠流体的流动来传递热的方式叫作热的对流。热的对流在气体中也可顺利进行。

热的对流的实质：由于流体受热，分子运动加剧，流体的体积膨胀，密度减小，因而上升；周围较冷的、密度较大的流体马上进行补充，反复循环流动，进行热能的交换。如果我们把热的传导旅行方式看作"步行"，那么热对流的旅行方式就是"坐车"了，不过这个"车"是流体流动的"对流车"。

🏛 热的辐射

太阳的热是怎样来到地球上的呢？这就是热的第三种旅行方式——热的辐射。

在热的辐射旅行中，较热的物体先将热能转变为辐射能，以射线的形式向四周传播。当热的射线到达另一物体后，全部或部分辐射能再被物体转变为热能。太阳表面温度很高，它那巨大的热能就是通过这种辐射的方式源源不断地来到地球上的，给地球上的万物创造了生机。

热辐射是以热源为中心向四周发出的，在和热源距离相等的球面位置上，辐射的强度相同。也就是说，辐射的强度和距离有关，离热源越远，辐射的强度越弱；离热源越近，辐射的强度越强。同时，热的辐射还与颜色的深浅有关。颜色越深的物体，吸收或散发热辐射的能力越强；反之则越弱。正因为如此，人们夏季喜欢穿浅色衣服，冬季喜欢穿深色衣服。在飞机的外壳上涂银白色材料，是为了更好地反射辐射热量。将太阳能热水器的贮水罐外皮涂成黑色，是为了加强其吸收辐射热量的本领。

热的辐射旅行有极高的速度，与光速相当。如果说热的传导旅行是"步行"，热的对流旅行是"坐车"，那么，热的辐射旅行就是乘"火箭"了。

冰封苏醒的青蛙

　　初春，阿拉斯加的冰雪逐渐消融，一只青蛙的身体露出了地表。在漫长的冬季里，它的身体早已被冻成坚硬的冰块。它心跳停止，肌肉和体腔里充满了寒冬留下的坚冰，像是玻璃制品一样，似乎一触即碎，看似毫无生还的可能。然而，随着阳光的照射，它体内的冰雪慢慢消融，这只被冻成冰块的青蛙居然逐渐有了心跳，它的血液恢复流动，肌肉逐渐舒展，睁开的双眼挤开残存的碎冰，露出坦然的神色。当冰雪完全融化时，这只"死而复生"的青蛙活动了一下身体，像什么也没有发生一样，迎来了自己的又一个春天。

　　这是北美林蛙的一种神奇的能力。

　　为了度过严冬，它们可以让自己冻成冰块，却又可以在解冻之后重新苏醒。凭借这种神奇的能力，没有御寒衣物的它们，也可以适应极寒之地的生活，它们就像科幻小说里描述的人体冷冻技术一样，直接跳过冬天穿越到了春天。

　　这是一件听起来很不可思议的事情。

致命的冰冻

　　对于大多数生物来说，严重的冰冻都是致命的。除身体难以忍受低温外，还有一个重要的原因，那便是水在结冰时，体积会发生膨胀。

　　如果你在冰箱中用冰格冻过水就会知道，一定不能将冰格中的水盛得太满，否则在结冰后，冰块会连成一片，甚至会顶开冰格的盖子。

　　有序的排列方式导致冰块中水分子的间距比液态中水分子的间距更大，体积也就发生了膨胀。但是，水结冰后体积膨胀，作用在生物身上，是会对生物细胞造成伤害的，冰晶会刺破细胞和组织。

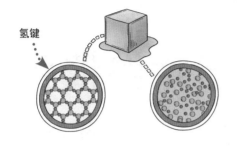

氢键

水分子之间存在着一种名为氢键的作用力。当水处于液态时，分子热运动相对剧烈，水分子虽然被氢键聚集成一堆堆的分子团，但依旧杂乱无序地游荡于空间中。可是当水结成冰时，分子热运动减弱了，氢键就会迫使水分子按照正四面体的结构规则排列，水分子就从混乱无序、挤作一团的液态变成整齐、有序排列的固态。

"防冻液"的神奇作用

北美林蛙是如何度过寒冬的呢？

北美林蛙会制造一种"防冻液"。寒冬来临时，它们会在自己体内释放大量葡萄糖和尿素，并让这些物质溶解在体内的水分中，使其成为浓度较高的溶液。当水中溶液的浓度升高时，其凝固温度就会逐步降低，这也就意味着需要更低的温度才能让体内的溶液凝固，从而起到防冻效果。下雪后，我们会在城市的主要道路上撒盐除冰，就是这个道理。当盐作为溶质溶解于水中时，让水结冰的温度很难让盐水冻结。

北美林蛙还会合理分配自己体内"防冻液"的浓度：柔嫩的内脏和大脑中的浓度较高，优先保护它们不被冻伤；而相对结实的肌肉等组织中的浓度较低，会在寒冬中冻结，形成一个坚硬的冰壳，保护着体内的组织。

除此之外，冬天的时候，北美林蛙还会把自己变成"木乃伊"。它会尽可能地降低自己体内自由水的含量，它们的内脏会失去将近一半的水分，这进一步增加了体液的浓度，同时减少了可以结冰的水量，从而减轻冰冻带来的伤害。

有了这两项能力，北美林蛙就可以熬过漫长的寒冬，最低可以忍受零下 16 摄氏度的低温，被冰冻两个月后依然可以苏醒。

北美林蛙的特异功能给了我们许多启示。我们是否可以按照类似的原理，对人体进行冻存呢？这是科幻作品中常见的情节，被冰冻了成百上千年的主角，在未来被唤醒，迎接全新的生活。这项技术一旦实现，也在某种意义上实现了时间的穿越，身患绝症的病人可以通过冻存技术到未来去治疗。然而，到目前为止，人类还没有掌握这项技术。或许在未来的某一天，科学家真的可以完成人体冻存技术的开发，让人实现穿越。

《《知识小卡片

分子热运动 指一切物质的分子都在不停地做无规则的运动。温度影响分子的热运动，温度越高，热运动越剧烈。

与我们息息相关的惯性

在太平洋上，一艘超级大油轮正以 28 千米每小时的速度破浪前进。它的船体有 366 米长、55 米宽、32 米高，满载 30 多万吨原油从波斯湾驶向中国南海海岸。靠岸前，要使这个庞然大物迅速停下来，几乎是不可能的，即使在全速开倒车的情况下，也需要 23 分钟才能停下来。不仅如此，大油轮开动过程更长。从港口出发算起，大油轮达到它的正常航速需要整整一个小时。让大油轮停不下来的原因和惯性有关。

惯性

惯性指的是一切物体在没有受到外力作用时，总保持匀速直线运动状态或静止状态不变的性质。也就是说，如果物体没有受到外力的作用，它的运动状态就不会发生改变，即静止的物体将继续保持静止，运动的物体将按原来的运动方向和速度继续运动下去。

当汽车突然开动时，人要保持原有的静止状态，就会向后仰。

急速停车时，人要保持原有的运动状态，就会向前倾。

在公路的转弯处，往往能看到一个醒目的标志牌，上面写着"慢"字，就是为了预防汽车急速转弯时，由于惯性而造成车祸。

我们在跑步时，要想停下来，也需要一段距离才能停住。在下山的时候，惯性就更明显了。我们不得不往后仰着身子，拉住周围的树枝，防止自己不由自主地冲下山去。飞机投弹时，为了击中目标，必须考虑惯性的影响。因为炸弹在脱离飞机前已具有一定的运动速度，所以飞机必须朝着目标提前投掷炸弹。

惯性与质量

实验表明，质量越大的物体，惯性越大，即物体保持原有状态的能力越强。超级大油轮在开动和停泊过程中，之所以表现出巨大的惯性，就是因为其质量极大。船舶内燃机、汽油发动机和其他一些动力机械上都装有质量很大的惯性轮，这种装置除保证转动均匀外，也是通过惯性来节约燃料。与此相反，自行车、小轿车、摩托快艇等的体积和质量相对较小。减小质量的目的就是减小它们的惯性，使其易于改变原有的运动状态，提高其机动灵活性。

● 铁锹扬土

常见的惯性

在日常生活中，我们经常与惯性打交道。

房间里处于静止状态的物体，由于惯性，都安分守己地保持着各自的静止状态，秩序井然。在生产劳动中，人们使用铁锹扬土，就能把土甩出去。当我们的衣服沾上尘土时，用手拍打几下，尘土就被拍掉了。衣服因被拍打而产生运动，而沾在上面的尘土却由于惯性保持不动，这样尘土便离开了衣服。洗完衣服后，人们经常将衣服用力一抖，这样便可以抖去衣服上的水滴。当汽车、火车快要进站时，司机总是在进站前就停止动力输出，让车依靠惯性缓慢地驶进车站。这样做一方面可以节省燃料，另一方面可以避免因突然刹车而使车身剧烈晃动，以保证车上旅客的安全。这些例子都是利用了惯性原理。

很早以前，曾有人提出这样一个有趣的设想：可否让直升机停在高空不动，以便直升机上的人能看到地球的自转，且能在二十四小时内环球旅行一周。

显然，提出该设想的人忽视了大气层巨大的惯性。

大气层是地球不可分割的组成部分，即使是风速为零的天气，在地球的带动下，大气层也以近似地球自转的速度绕地轴旋转。由此造成的赤道上的暴风风速，大约能达到 465 米每秒，远远超过十二级台风。

假如直升机想停在高空不动，就要克服地球上大气层的暴风的影响。这对于小小的直升机来说，无论是从重量还是动力来看，都是很难做到的。

不过，人造卫星可以做到。因为它的高度早已超越了大气层，也脱离了地球的引力，完全可以和地球自转同步或自定义飞行速度。所以，我们会看到有的人造卫星是环绕地球飞行的，有的却总在一个地方不动。这是由于人造卫星所担负的任务不同，它们的飞行方式也不同。

巧走钢丝有学问

人们在观看杂技表演时，常不禁对节目惊叹不已，其中最引人注目的节目之一是空中走钢丝。舞台上横悬着一根钢丝，一位女演员轻轻一跃，就站立在钢丝上。只见她两臂伸开，左右微微摆动，脚踏钢丝，徐徐前行，走到另一端后，又迅速地返身往回走。在往返过程中，她有时在钢丝上翻筋斗，有时坐在钢丝上休息，有时又在钢丝上穿衣戴帽，有时两手同时转动几只盘碟……更为精彩的是，她还能在钢丝上骑着独轮车飞跑。

一般人在平地上行走，稍有不慎就会跌倒，为什么杂技演员在钢丝上竟能如履平地呢？

重心

我们知道，任何物体如果要保持平衡，物体的重力作用线（通过重心的竖直线）必须垂直于支面（物体与支撑着它的物体的接触面），如果物体的重力作用线不垂直于支面，物体就会倒下。

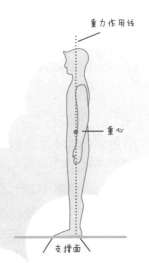

所以钢丝上的杂技演员必须始终使自己身体的重力作用线垂直于支面——钢丝。由于钢丝很细，人体很难让自己身体的重力作用线恰巧落在钢丝上，所以身体随时都有倒下的危险。在平时，我们也有这样的生活经验：当身体摇晃即将倒下时，我们往往依靠摆动双臂，使身体重新站稳。双臂摆动的作用，就是让身体的重力作用线重新垂直于支面，使身体恢复平衡。同样，杂技演员表演走钢丝时，必须伸开双臂并左右摆动，以控制和调整身体的重力作用线。

人体重力作用线垂直于支面，如身体前倾一些，重力作用线不再垂直于支面，人就会倾倒。

● 手拿竹竿的走钢丝演员

🏛 平衡的艺术

　　有的杂技演员在表演走钢丝时，手里还拿了一根长长的竹竿或花伞等。你千万不要以为这些东西是表演者多余的负担，恰恰相反，这些都是帮助演员保持身体平衡的辅助工具。利用辅助工具，杂技演员甚至可以走钢丝横跨天堑。

　　1995 年 10 月 28 日，在我国重庆奉节的瞿塘峡夔门，加拿大高空王子杰伊·科克伦在毫无安全措施的情况下，身着蓝色演出服，手握银色长杆，在高 375 米的峰峦沟壑中，踩着直径 3 厘米的钢丝创造了一个神话——他仅用了 53 分钟，就从北岸走到南岸，走了 640 米，成为人类走钢丝横跨天堑的第一人。后来，科克伦又踩上一根挂在上海浦东区两幢大楼之间，高度为 110 米、长度为 196.4 米的钢丝，迎着 3 ~ 4 级的东南风，稳步向前走去，并于 18 分钟后顺利抵达终点。

　　科克伦走钢丝横跨天堑，不仅要走超长钢丝，还要面对高空气流的侵袭，脚下江水的喧闹、干扰等，这就平添了许多危险。然而，室内低空与室外高空走钢丝的力学原理都是一样的。不同的是，室外的不稳定因素远多于室内，因而表演难度就大得多。

金属杆的作用

走钢丝者握着的十几米的长杆起到了"延长手臂"的作用。这里面包含着丰富的力学原理。金属杆的重量必须是人能轻松承受的重量。由惯性可知，物体的质量越大，其保持原有状态的惯性就越大。由于附加了金属杆，人的总质量增大，惯性也随之增大，从而使人保持平衡的稳定性增加。

由于附加了金属杆的质量，人对钢丝的正压力增大，脚下摩擦力也增加了。而人正是利用脚下的摩擦力来调节自己重心的位置，让身体的重力作用线垂直于脚下的钢丝，所以增加的摩擦力大大加强了走钢丝者调控自己重心位置的能力，并阻碍了身体的晃动。当金属杆横截面积一定时，其长度的增加所带来的纵向截面积的增加，能加大空气对金属杆的阻力，而这种阻力使得人沿钢丝绳前进时的平衡度得到了加强。

知识小卡片

重心 重力在物体上的作用点叫作重心。质地均匀、外形规则的物体的重心在它的几何中心上，如均匀细棒的重心在它的中点，球的重心在球心。

合力 如果一个力产生的效果跟两个力共同作用产生的效果相同，这个力就叫作那两个力的合力。

金属杆是走钢丝者应对紧急情况的护身符，当风力突然加大，身体重心偏向钢丝绳的一侧时，金属杆就变成了他们的救命之杆。这时，他们必须使用另一力学原理：当作用在物体上的各个力对支点的合力为零时，该物体就能保持转动方面的平衡。当他们的身体重心偏向一侧时，会产生一个使身体绕钢丝绳翻转的重力。这时若及时使金属杆在水平方向向另一侧移动，就可产生另一个相反的重力来使身体保持平衡。

当然，走钢丝绳是危险的，我们不要去冒险。但我们可以试着走一下比较低矮的平衡木，体会一下惯性和平衡的关系。

大机车拉不动小平板之谜

　　1961 年，上海的工人在制造万吨水压机时出现了一桩怪事。他们加工完一个部件后，准备将这个部件运到锻压车间去安装，可是这个部件重达 260 吨，大大超过了厂里专用火车的额定载重量。于是，他们制造了一辆专门运送这个部件的载重为 300 吨的平板车。搬运时，只听火车的机车急促地"喘着气"，车轮在路轨上打滑，平板车却纹丝不动。奇怪，这辆能带动装有几千吨货物的机车，竟"败"给了 300 吨重的平板车，是不是机车出问题了呢？

　　检查的结果是，机车本身没有问题。

　　可是机车为什么连一个平板车厢都拉不动了呢？

🏛 牛顿第二定律

　　在经验丰富的火车司机的指点下，工人们终于揭开了谜底，并最终把部件成功运至锻压车间。

　　谜底藏在牛顿第二定律里。牛顿第二定律给我们展示了这样一幅画面：以极小极小的力去推一个质量很大很大的物体，物体就能产生一个很小的加速度。即使加速度很小，但一段时间后，物体的运动也会越来越显著。

● 机车拉不动平板车

但是我们平时所见的实际情况并非如此，对于很多庞然大物，即便使出最大力气，无论作用力施加的时间有多长，都无法使它产生一丁点儿的移动。这并不是牛顿第二定律有误，而是摩擦力在作怪。

● 汽车车轮转动与路面产生摩擦力，路面产生反作用力推动汽车

🏛 摩擦力

机车拉不动平板车也是因为摩擦力。

其实，机车并不能直接把牵引力作用在后面的平板车上，而是以它的动力使机车的车轮旋转，依靠机车本身的巨大重量，产生很大的方向向后的摩擦力，作用于路轨上，路轨相应产生了与这个摩擦力大小相等、方向相反的反作用力，作用在机车的车轮上，从而推动机车拉着后面的平板车前进。

将物体放在平坦的地面上，不去推它，它与地面的摩擦力极小，几乎为零。当用力向前推它时，地面立即就产生了一个摩擦力，把它向后拉。推力增大，摩擦力也相应增加，当推力小于或等于摩擦力时，物体不会移动。但是，当推力增大到一定程度，超出了物体能够产生的最大摩擦力时，物体所受的力就失去了平衡，物体就开始移动了。物体能够产生的最大摩擦力就是这个物体的临界摩擦力。

● 推力与摩擦力相等，物体不动；推力大于摩擦力，物体移动。

临界摩擦力

现在我们再回头看机车拉不动平板车的问题：机车受的摩擦力是向前的，而平板车受的牵引力向前，车轮受的摩擦力向后，只有当机车受的摩擦力大于平板车的临界摩擦力时，平板车才会被拉走。

临界摩擦力与正压力成正比，300吨的平板车太重了，它产生的临界摩擦力非常大；而机车自身的质量比300吨小得多，它受的摩擦力即使增大到自己的临界摩擦力，也比平板车的临界摩擦力小得多，因此，车轮打滑，机车拖不动300吨的平板车。

临界摩擦力与惯性的妙用

那么，我们平时所见的火车的机车为什么能拉动一长串几千吨重的车皮呢？

问题就在于"一长串"。因为火车的各个车皮之间的连接都有空隙，而每节车皮加上货物的质量都比机车质量小得多，临界摩擦力比较小，机车都能拉得动。当机车开动时，它最初牵引的是第一节车皮，而不是整个列车。当第一节车皮被带动后，由于惯性的作用，它成了机车的"俘虏"，并和机车

● 机车带动车皮

共同"作战"，即机车用它的牵引力，加上第一节车皮向前运动的惯性力，共同去带动第二节车皮，然后它们以得到的合力，再去带动第三节车皮。以此类推，一节带动一节，整列火车就全被带动起来了。本来对于若干节几千吨重的车皮，机车一下子是拉不动的。但是，人们掌握了临界摩擦力与惯性的物理原理，把重量分散到各个车皮上，让机车采取各个击破的"策略"，这样一来，机车就发挥了自己最大的力量，从而能拉动几千吨重的多节车皮组成的列车。

懂得这一原理后，就找到了拉动 300 吨平板车的办法，可以先在平板车前挂几节普通车皮，然后用机车拉。机车就会采取各个击破的"策略"，把 300 吨的平板车带到目的地。当年上海的工人们，正是用这一方法攻克了难关。

)) 知识小卡片

摩擦力 两个相互接触的物体，产生相对运动或者相对运动的趋势时，在接触面上产生的阻碍相对运动或者相对运动趋势的力。

正压力 两物体相接触，在垂直接触面方向上的一对相互作用力。正压力属于弹性力。

飞机为什么怕小鸟

  1980 年的一天，在印度加尔各答附近的上空，有一架飞机正在飞行。突然，驾驶员发现前方有一队飞鸟，但已经来不及避让了。飞机只能任凭鸟队迎面飞来，"砰"的一声巨响，飞机突然失去了平衡。原来，几只小鸟在飞机的机翼上撞出了一个 0.6 米多宽的大洞。这架飞机不得不立即在加尔各答机场降落。

  人们不禁会问：为什么像飞机这样的庞然大物会被小鸟撞破？

  这个问题的关键在于物体的运动速度是相对的。我们说这架飞机的速度是 1000 千米每小时，是相对地面来说的。因为平常我们说的速度大多是相对地面的运动速度。

  小鸟在空中与飞机相向飞行，假定小鸟的速度是 100 千米每小时，飞机的速度是 1000 千米每小时。从飞机上看小鸟，小鸟飞来的速度就是 1100 千米每小时了。这样一来，小鸟相对飞机就具有了一个极大的动量，当小鸟与高速飞行的飞机相撞时，二者之间产生力的作用，小鸟的速度会急剧降低，动量也急剧降低，而接触的时间很短暂，这种情况下就会对飞机产生一个巨大的冲击力，再加上二者接触面积小，因此也会产生极大的压强，此时的小鸟已经与一颗炮弹无异，足以毁掉飞机这样的庞然大物。

20世纪初，还曾发生过一件"西瓜炮弹"的事。

1924年的某一天，欧洲某国正在举行汽车竞赛。随着"砰"的一声枪响，几辆赛车飞似地冲了出去。一路上运动员们加大油门，你追我赶地向前飞驶。赛车要经过一片瓜田，当时正是瓜果收获的季节，农民们满怀着丰收的喜悦在采摘瓜果。

农民们在瓜田里看到紧张的比赛场面，纷纷拍手叫好。一位青年农民天真地想：送一个西瓜给这些运动员，让他们解解渴吧！于是，他随手将一个西瓜抛了过去。结果，这个礼物像一枚炮弹一样，竟把一辆赛车砸坏了，运动员也受了重伤。

"西瓜炮弹"同小鸟撞飞机的道理是一样的。平时，我们也常常会遇到这样的事：两个人相向奔跑，不小心迎面相撞，碰撞的疼痛感是剧烈的。

对于高速航行的宇宙火箭、飞船来说，任何一个落在它上面的物体都是一颗有强烈破坏作用的"炮弹"。所以，在宇宙航行中，令科学家伤脑筋的问题之一就是如何才能避免宇宙

● 汽车驶过瓜田，青年农民向汽车抛瓜，西瓜把汽车砸坏

飞船与流星、陨石相撞，因为宇宙飞船一旦碰到陨石，就会出大事故。

会轻功的水黾

● 水黾在水面上

夏天的池塘里，水面上时常游走着这样一种昆虫：六条长腿，身体尖尖细细，样子像小小的迷你冲浪板，它们的名字叫水黾（mǐn）。水黾在水面上时并非在游泳，而是像学会了水上漂轻功的武林高手一样，在水面上健步如飞，但身上始终没沾一滴水，潇洒的身影让人羡慕。它们每天在水面上游走，寻找不慎落水的小昆虫充饥，从不担心自己会被河水吞噬。

水的表面张力

原来，水黾利用的是水的表面张力。

表面张力是指水等液体产生的使其表面尽可能缩小的力。

相信所有人都有过这样的经历：当你向水杯中倒满水时，即使有时水面已经微微超出了杯沿，但水依旧不会溢出。这是因为液体的分子之间存在着各种相互作用，将它们吸引在一起，表现出一种内聚力。当一滴水溅到光滑的物体表面时，由于这种内聚力的拉扯，便会形成一粒球形的水珠。所有水分子之间亲密无间，但是水分子和空气之间却没有那么强的相互作用，因此，水分子便齐心协力向中心拉拽，减少了水与空气的接触面积。这种让水聚集在一起的力就是水的表面张力。

在气体与液体的交界面，表面张力会使水体尽可能地保持表面平滑的状态。这种力赋予了水一种聚合的力量，让杯子里的水看起来似乎不"愿意"流出去。

但是，对于许多微小的生物而言，这种力却是致命的。因为水的表面张力的存在，一只昆虫可能会被一滴水珠困住，难以挣脱。为了防止自己被困住，许多昆虫的体表都有刚毛、凹坑或者蜡质等疏水结构。这些结构让水无法彻底浸润它们的体表，只能在它们的体表形成细小的水珠。这样，这些昆虫就可以不被清晨的露珠困住了。

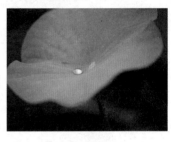
● 荷叶上的水珠

🏛 动植物对表面张力的利用

水黾是利用表面张力的天才。在它的步足上有大量细微的刚毛，这种疏水的微观结构增加了与水的接触面积，最大限度地利用了水的表面张力，而细长的步足分散了体重，让水面不会轻易被自己"撕破"。在水黾的脚下，水面就像一张坚韧的尼龙蹦床，表面张力助它们轻盈地前行。以防万一，水黾还穿了一身"救生服"，它周身包裹着细密的刚毛，其中储存着大量空气，如果它不慎被浪花拍进水里，毛发中的气体会形成小气泡，把它重新托起来。

除了动物，我们身边的许多植物也懂得利用水的表面张力。"出淤泥而不染"的荷花就是最好的例子。

当你把池水溅到荷叶上时，就会看到一个个珍珠般的水珠，闪耀着、滚动着，从边缘滑落，不会沾湿荷叶分毫。这是由于荷叶的表面排列着大量细小的蜡质凸起结构，这些蜡质凸起直径只有 10 ～ 20 微米，它们利用表面张力将水珠托起，让其无法亲密接触荷叶的表面。这些水珠滚落时，还会带走灰尘，达到清洁的效果。因此，荷花才能出淤泥而不染。

荷花的这种能力可以避免在湿润的叶子表面滋生细菌，也可以防止污物阻碍叶片进行光合作用。利用这一原理，科学家们制造出了纳米仿生材料，用这种仿生材料制作的衣服也具有像荷叶一样的清洁能力，即使沾上果汁甚至番茄酱，也可以轻松去除，重新变得干干净净。

🏛 毛细现象

表面张力的另一个作用便是毛细现象。

当你把一根纤细的玻璃管插入水中时，可以发现水会顺着玻璃管上升到一定的高度，这便是毛细现象。这是由于在狭窄的空间里，水与玻璃管之间的吸引力大于水分子之间的内聚力，管内的液体才会有沿着管壁向上扩散的

趋势。这种趋势会打破重力和内聚力，让液面上升。植物茎叶中的导管就是很细的管子，被称为毛细管，它们可以将土壤中的水分吸上来。我们使用的钢笔也是利用毛细现象，使钢笔尖的窄缝能让墨汁源源不断地流出，这样我们才能顺畅地书写。要是钢笔尖上的窄缝被堵塞了，钢笔就不好用了。

● 毛细现象

无形之手大气压

我们知道，地球周围被很厚的空气包围着，称为大气层，大气层一直延伸到几千千米的高空，我们就生活在大气层的最底层。

空气跟其他物质一样，也有质量，也受到地球的引力，所以空气会对地球上的物体产生压力，人们将其称为大气压。当两片湿玻璃合在一起时，中间的空气被赶跑了，没有了大气压，而玻璃片朝外的两面仍会受到大气压力的作用，就像两只无形的手在使劲往里按，这时要掰开它们就不那么容易了。

🏛 无处不在的大气压

我们可以做一个实验：先倒满一杯水，在杯口盖上一块较厚的防水纸片，用手按住纸片，慢慢地把杯子倒过来，使杯口朝下，然后轻轻移开托着纸片的手。这时我们会发现，纸片竟能把一杯水托住。其中的奥秘就是空气在施展"魔力"——大气向上的压力，帮助纸片托住了一杯水的重量。

🏛 "马拉铜球"实验

大气压到底有多大呢？

我们来回顾一个有趣的实验——"马拉铜球"实验。

1654年的一天，天气晴朗，万里无云，德国马德堡市的中心广场显得格外引人注目。在场的观众数不胜数，不仅有知名的贵族、科学研究者、平民百姓，甚至国王也亲临现场。在他们当中既有支持实验、希望实验取得成功的人，也有反对实验、怀疑实验内容的人，吵吵嚷嚷，使得露天广场十分热闹。广场的中间站着一位中年男子，他就是著名的德国物理学家、马德堡市市长奥托·冯·格里克。

实验开始时，格里克和他的助手拿出两个精心制作的铜制空心半球，直径约几十厘米。这两个半球非常坚固和精密，而且当两个半球合起来时，没有一点儿缝隙，外面的空气透不进去，里面的空气也漏不出来。当球内的空气没被抽出去的时候，球的内外部都有空气，内外压力保持平衡，这时两个半球想合就合、想分就分，毫不费劲。格里克和他的助手在半球壳中间垫上橡皮圈，再把两个半球灌满水，合在一起，接着把水全部抽出，使球内形成真空。这时，周围的大气就会把两个半球紧紧地压在一起。

格里克让马夫在球的两边各拴上 4 匹马。随着格里克一声令下，8 名马夫用皮鞭猛抽两边的马。尽管 8 匹马用尽了全身力量，仍然没能将两个半球分开。在场的观众无不感到惊奇，目光都集中在这 8 匹马拉的两个半球上。

格里克又命令马夫牵来 8 匹高头大马，一边各增加 4 匹马。在 16 匹马的拉扯下，两个半球才勉强被拉开。在两个半球分开的一刹那，广场上发出了震耳欲聋的巨响。

在场的人们都为这个科学实验感到惊叹，格里克也针对这个实验做了一次科普活动。他告诉大家：两个半球不易被马拉开，是因为球内的空气被抽出以后，球内就没有空气的压力了，而球外面的大气压就像两只大手，把两个半球紧紧地压在一起。他还告诉大家：大气压力是普遍存在的。

🏛 大气压的大小

后来根据计算，人们得知大气的压强大约是 1 千克每平方厘米。这就意味着无论什么物体的表面，每平方厘米面积上都要承受约 1 千克的大气压力。如果房屋屋顶表面积是 40 平方米的话，大气作用在这个房顶上的压力可达到 400 吨。在这么大的压力之下，房屋为什么没被压塌呢？这

● 8 匹马拉不开两个合在一起的铜球

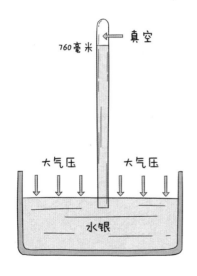

真空

760毫米

大气压　　　　大气压

水银

● 地面上测气压的水银柱高度约 760 毫米

是因为房屋内外都有空气，房顶的上面和下面都受到了大气压力，上下达到了互相平衡的状态，所以房屋安然无恙。

可以想象，在大气中生活的人们，每个人的身上都要承受约 10 吨左右的压力。不过，由于我们体内也受到同样大的向外的压力，所以感觉不到大气对我们的"重压"。如果人到了大气压力极低的环境里，体内的压力超过环境施加的压力，人就会发生组织破裂，甚至死亡。所以，没有空气的压力，人反而无法生存。

大气压的发现对科学技术的发展有极其重要的意义。现在的科学研究进一步证实，在海拔 2000 米海拔平均升高 12 米，用来测量大气压强的水银柱就下降1毫米，这说明越往高处走，大气压越低。

根据这一规律，人类发明了高度计，用来测量一个地方的高度，例如，飞行员通过高度计就可以知道飞机的飞行高度了。

大气压还与天气的变化有关。

天气晴朗时气压较高，阴雨天气气压较低。所以，通过测量大气压就能进行天气预报。日常生活中，大气压也有广泛应用，例如，用吸尘器打扫卫生，就是利用大气压将灰尘压入吸尘器的；用吸管喝饮料和牛奶，也是大气压将它们压入口中的……大气压的发现不仅促进了流体静力学的研究，而且促使人们发现了气体的实验定律，推动了物理学的发展。

《《 知识小卡片

二力平衡 物体在受到两个力的作用时，如果能保持静止状态或匀速直线运动状态，就称二力平衡。二力平衡的条件是二力作用在同一物体上、大小相等、方向相反、两个力在一条直线上。

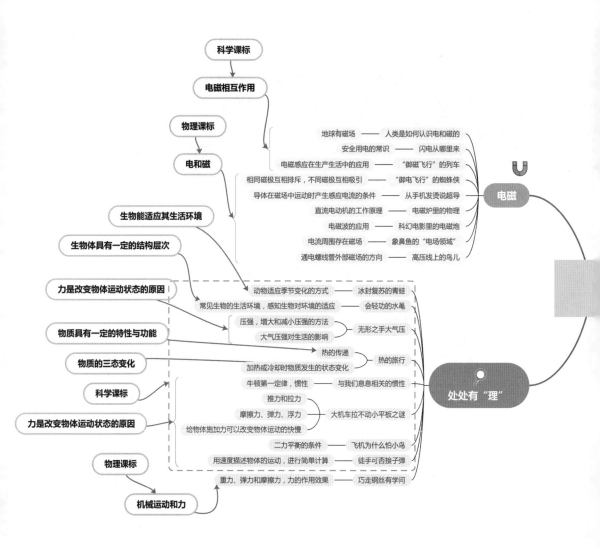

科学课标

电磁相互作用

物理课标

电和磁

生物能适应其生活环境

生物体具有一定的结构层次

力是改变物体运动状态的原因

物质具有一定的特性与功能

物质的三态变化

科学课标

力是改变物体运动状态的原因

物理课标

机械运动和力

地球有磁场 —— 人类是如何认识电和磁的

安全用电的常识 —— 闪电从哪里来

电磁感应在生产生活中的应用 —— "御磁飞行"的列车

相同磁极互相排斥,不同磁极互相吸引 —— "御电飞行"的蜘蛛侠

导体在磁场中运动时产生感应电流的条件 —— 从手机发烫说超导

直流电动机的工作原理 —— 电磁炉里的物理

电磁波的应用 —— 科幻电影里的电磁炮

电流周围存在磁场 —— 象鼻鱼的"电场领域"

通电螺线管外部磁场的方向 —— 高压线上的鸟儿

电磁

动物适应季节变化的方式 —— 冰封复苏的青蛙

常见生物的生活环境,感知生物对环境的适应 —— 会轻功的水龟

压强,增大和减小压强的方法

大气压强对生活的影响 —— 无形之手大气压

热的传递 —— 热的旅行

加热或冷却时物质发生的状态变化

牛顿第一定律,惯性 —— 与我们息息相关的惯性

推力和拉力

摩擦力、弹力、浮力 —— 大机车拉不动小平板之谜

给物体施加力可以改变物体运动的快慢

二力平衡的条件 —— 飞机为什么怕小鸟

用速度描述物体的运动,进行简单计算 —— 徒手可否接子弹

重力、弹力和摩擦力,力的作用效果 —— 巧走钢丝有学问

处处有"理"

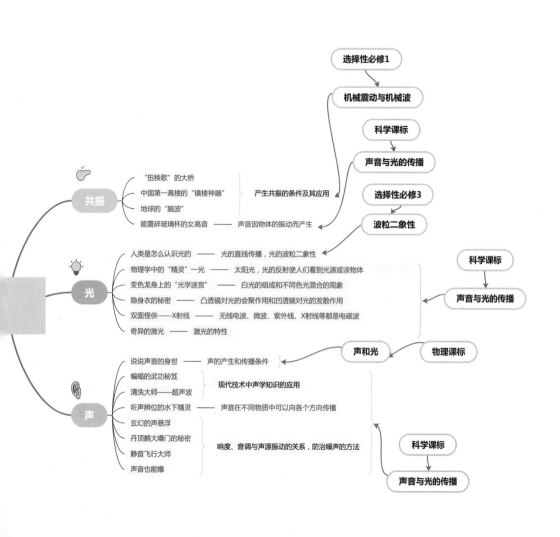

选择性必修1

机械震动与机械波

科学课标

声音与光的传播

选择性必修3

波粒二象性

共振
- "扭秧歌"的大桥
- 中国第一高楼的"镇楼神器"
- 地球的"脑波"
- 能震碎玻璃杯的女高音 —— 声音因物体的振动而产生

产生共振的条件及其应用

光
- 人类是怎么认识光的 —— 光的直线传播，光的波粒二象性
- 物理学中的"精灵"—光 —— 太阳光，光的反射使人们看到光源或该物体
- 变色龙身上的"光学迷宫" —— 白光的组成和不同色光混合的现象
- 隐身衣的秘密 —— 凸透镜对光的会聚作用和凹透镜对光的发散作用
- 双面怪侠——X射线 —— 无线电波、微波、紫外线、X射线等都是电磁波
- 奇异的激光 —— 激光的特性

科学课标

声音与光的传播

声和光

物理课标

声
- 说说声音的身世 —— 声的产生和传播条件
- 蝙蝠的武功秘笈
- 清洗大师——超声波
- 听声辨位的水下精灵
- 玄幻的声悬浮
- 丹顶鹤大嗓门的秘密
- 静音飞行大师
- 声音也能爆

现代技术中声学知识的应用

声音在不同物质中可以向各个方向传播

响度、音调与声源振动的关系，防治噪声的方法

科学课标

声音与光的传播

后记

关于"万物皆有理"

《万物皆有理》系列图书是众多科学家和科普作家联手创作，奉献给青少年朋友的一套物理启蒙科普读物，涉及海洋、天文、地球、大气及生活五大领域，初心是启迪小学生对物理的兴趣，以更好地衔接中学物理课程的学习。

经常会有孩子和家长这样问：市面上有那么多科普书，为什么适合小学生的书那么少？家长如何才能为孩子选到合适的科普书？孩子不喜欢物理课怎么办？孩子为什么没有科学想象力？

于是，我们希望能做出孩子们喜欢的精品科普读物，既能帮助孩子们提高学习兴趣，又使其不被课堂知识束缚了想象力。

市场上适合中小学生阅读的科普精品图书不多的主要原因大概有三个：一是作者对受众的针对性研究不够，不能有的放矢；二是内容的科学性不强，不能获得读者信任；三是文字的可读性不够，不能做到深入浅出。

为什么会出现这些问题呢？

因为科普创作是一门需要文理双通的学问，想写好不容易。有的科学家想为孩子们写科普书，却苦于缺乏深入浅出地讲故事的能力，而很多科普作者又存在科学知识积淀不够等问题。

为了解决这些问题，我们采取了三项措施：一是邀请众多科学家参加创作，为保证科学性，我们邀请了中国科学院的高登义、苟利军、国连杰、李新正、张志博、冯麓、魏科、王岚、申俊峰、袁梓铭等不同领域的科学家，以他们为核心组成创作团队；二是由科普作家统一策划，对创编人员进行科普创作方法培训，对书稿反复讨论和修改，解决作品可读性问题；三是全员参与研究中小学课程的物理知识范围，让知识的选取和讲述更有针对性。

创作过程是非常艰辛的。因为我们要求作品不仅能深入浅出有故事性，还要体现"大物理"的概念。也就是说，不仅要传递物理知识和概念，把各种自然现象用物理原理进行诠释，还希望能将科技简史、科技人物、科学精神和人文关怀融入其中，让小读者们知道：千变万化的大自然原来处处皆有理；人类在追求真理的路上是如此孜孜不倦；还有很多未解之谜有待揭示。

由如此众多的科学家与科普作家联手创作的科普作品还是比较少见的，也为解决科学性和趣味性相结合的难题做了一次有意义的尝试。当然，尽管大家努力做到更好，在某些方面也难免不尽如人意，甚至存在错误。欢迎大家批评指正，共同为青少年打造出更好的科普作品。

霞子